虫洞书简⑦

给青少年的52堂人生规划课

王溢嘉 著

台海出版社

北京市版权局著作合同登记号：图字 01-2022-1995

图书在版编目（CIP）数据

虫洞书简 . 7, 给青少年的 52 堂人生规划课 / 王溢嘉著 . -- 北京：台海出版社，2022.6
ISBN 978-7-5168-3292-9

Ⅰ . ①虫… Ⅱ . ①王… Ⅲ . ①人生哲学—青少年读物 Ⅳ . ① B84-49 ② B821-49

中国版本图书馆 CIP 数据核字（2022）第 068437 号

虫洞书简 . 7, 给青少年的 52 堂人生规划课

著　者：王溢嘉

出 版 人：蔡 旭　　　　　　　　　封面设计：末末美书
责任编辑：赵旭雯　高惠娟

出版发行：台海出版社
地　　址：北京市东城区景山东街 20 号　邮政编码：100009
电　　话：010-64041652（发行，邮购）
传　　真：010-84045799（总编室）
网　　址：www.taimeng.org.cn/thcbs/default.htm
E - m a i l：thcbs@126.com

经　　销：全国各地新华书店
印　　刷：三河市嘉科万达彩色印刷有限公司
本书如有破损、缺页、装订错误，请与本社联系调换

开　　本：880 毫米 ×1230 毫米　　　1/32
字　　数：103 千字　　　　　印　张：6.5
版　　次：2022 年 6 月第 1 版　　印　次：2022 年 6 月第 1 次印刷
书　　号：ISBN 978-7-5168-3292-9

定　　价：49.80 元

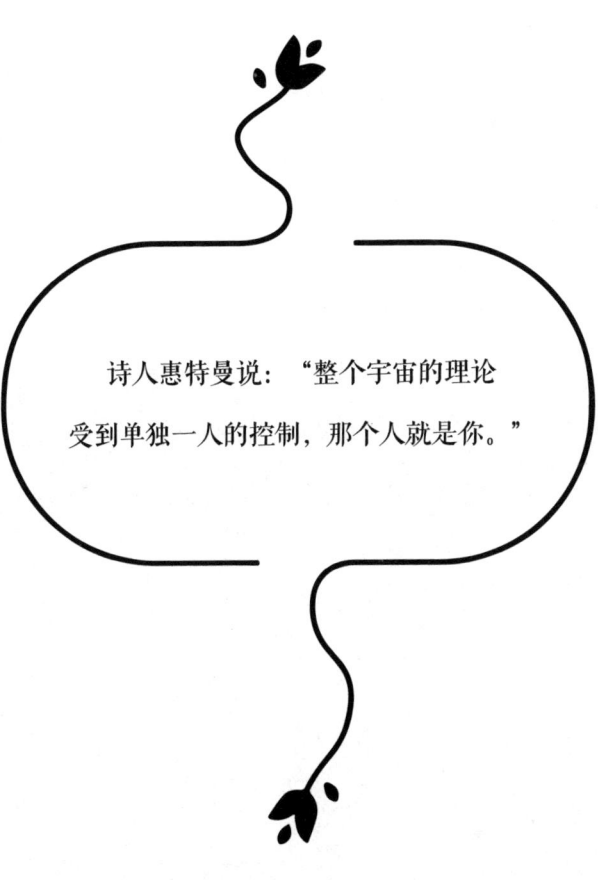

诗人惠特曼说："整个宇宙的理论
受到单独一人的控制，那个人就是你。"

宇宙中有太多太多外在的客观真实，

但你要怎么感受、如何解释它们，

完全来自你内心的创造。

实际上，我们活在一个自己所创造的世界里。

重拾对自己生命的恋情

一年多以前，联合报的编辑忽然来电，邀我为她负责的新版面写个专栏。我问她要我写什么，她说新版面叫作"心灵版"，心灵至大无形，随便我写。交了两篇后，她将我的专栏命名为"倾听内在的声音"。这个标题好像是给在大海中漂流的小舟悬上了一颗星，给了我一个方向，于是我开始倾听自己内在的声音。

两个月前，心灵版主编又忽然来电，说报社改版，心灵版取消了，抱歉云云。我本也乐得解脱，但内心的那些声音似乎没有终止的意思，我只好继续倾听。

一开始是每个礼拜倾听一次，后来是两三天就倾听一次，而且会将以前倾听过的再度拿出来温习，似乎又听到了更多的声音，在这样不断积累之下，就有了这本书。

易卜生说："写作是坐着审判自己。"摩尔又加上一句："然后审判自己无罪。"对我来说，我最近的写作是坐着倾听自己，然后听到自己不断在抱怨。那些声音，有的像老友的絮语，有的像恋人的呢喃，有的像幽灵的呼唤。这个我久违的自己似乎有着满腹牢骚。

他的抱怨有理，因为我几乎已快成为自己的陌生人。他抱怨我这么多年来"移情别恋"，去追求各种烦琐的知识，任凭理性玩弄我的情感；抱怨我在追名逐利的尘网中折翼，失去飞翔的能力；抱怨我像死鱼一般随波浮沉，不再有自己的方向。

但是，这……唉，真的让我有点尴尬。我竟不知道我对自己曾经有过如此深情的期许。难道是我忘了吗？也许。那个有点拜伦的我似在低诉："世上有一种痛楚让我万分难忍，就是发现你竟然把旧情忘怀。"

我想，我遗忘的不只是内心深处的那个我，还有我对自己生命的"恋情"。的确，我曾经把我的生命看成是自己的情人，是我亲密的伴侣。我们经常在寂静无人时，彼此倾听，互诉衷曲。那时候，我和自己的生活是多么甜蜜啊！

也许，这是我一年多以来不断倾听自己最大的收获。看似功成名就的自己，其实是一个亟须回头的浪子。浪子想回头重拾旧爱，和自己再谈一次恋爱，再度向自己的生命求欢。

一个声音说："那些向外看的，是在做梦；那些往内看的，则是觉醒。"

另一个声音说："爱的第一个职责是倾听，如果你想爱自己，那就倾听你的内在。"

王溢嘉

目　录
Contents

辑一　|　这里本来很安静

辑二 | 不要虚掷我的美

辑三 | 重返梦中之路

辑四 | 那在某处等待你的

辑一

这里本来很安静

人类的所有不幸，
都来自无法在安静的房间里独处。

我为什么在这里

总觉得自己似乎应该在更高雅、更怡人的别的什么地方，做着更有趣、更有意义的别的什么事情……

很久以前，当我还在台大医院当实习医生时，精神科有一位让我印象非常深刻的中年男性病人。

大部分时候，他只是静静地躺在病床上，或落寞地坐在角落里，根本看不出他是一个被诊断为"妄想型精神分裂症"的病人。但就在我觉得他似乎没有什么异常时，他却出其不意地，仿佛从什么噩梦中醒来一般，惊惶地问："我为什么在这里？"

然后，他好像变成另一个人似的，睁大眼睛，神色激昂地说，他应该是在黄山或者蒙特卡洛之类的地方。于是，他逢人便问："这是什么地方？我为什么会在这里？"

他惊惶的脸上写着"迷惑"两个大字。

当时我只是个小小的实习医生，帮不上他什么忙，但觉得他这样的疯癫行径有着别样的魅力，里面好像隐藏了什么深意。

后来，在人生有了更多阅历之后，我才慢慢发现，"我为什么在这里"这个问题其实也是很多人心中的疑问。

正常人为什么也会产生这样的疑问呢？因为我们总觉得自己似乎应该在更高雅、更怡人的别的什么地方，做着更有趣、更有意义的别的什么事情。特别是在听到有人去非洲旅行三个月、有人在北京买了新房、有人到上海投资设厂，而自己居然还在埋头苦写《业绩衰退检讨报告》，每月为交房贷而节衣缩食时，这样的疑问和悲叹就会显得特别真切与磨人。

有人说："精神病人是人类心灵的雷达站。"他们的心性其实比正常人来得敏感，能够探知、放大多数人类所面临的困境，并口无遮拦地大声说出，或以夸张的行为赤裸裸地呈现大家私密的想法、疑虑与觊觎。前面那位精神病人惊惶地问："我为什么在这里？"显然就具有这种效果。

今夜，晚餐后我与H的长谈，忽然间又想起那位病人，还有我自己。

H是我大学时代的好友，与我同属喜欢舞文弄墨的文艺青年。我们经常在一起打桥牌、谈卡夫卡、喝闷酒。后来他忽然失联了，几年后才又跟我联络上。

在到以前经常去的七七餐厅吃饭喝酒时，他才跟我说他当年因为有好几科要补考，觉得没意思，干脆就退学当兵去了。退伍后他也懒得再念大学，就到一家贸易公司上班了。学到一些诀窍后，他才觉悟自己不是读书的料，可能更适合做生意，便自己开了一家小公司。但刚开始压力很大，也许因为心里不安吧，他又回头来找大学时代跟他相谈甚欢的我来倾诉衷肠。

老友重逢，我当然是格外高兴，但老实说，我当时心中有点怀疑：他这样做真的会比把大学念完来得好吗？

在那次见面后，我们又有二十年之久失去了联系，大家都已年过半百时，他又意外现身。

想不到他当年的那家小公司如今已成了跨国企业，在美国、加拿大的十个城市都有分公司。他经常在全球各地飞来飞去。听他意气风发地畅谈那次离别后的种种，这让依然在卖文为生的我觉得很是惊讶，但也为他感到高兴。

我想他这次又主动来找我，并非要向我炫耀，而是认为我们曾经是同样的意识体，而渴望我能理解与分享他人生至此的一些感触。

我也对他谈了一些我写作和出版的书，他凝神谛听，露出怀念多年前一位恋人般的神色。我说我想送他两三本书，他连忙说他会自己到书店里去买，改天搭乘飞机回北京时可以好好拜读，看看我现在在想些什么。我很高兴他能这样说，也觉得这不是什么客套话。虽然我们现在已走在完全不同的道路上，但我们依然能像大学时代般相知相惜。

如果我因为看到老友的飞黄腾达而感到失落，怀疑自己的人生是不是有什么地方出了差错，乃至惊惶自问："我为什么在这里？"那我可能就会像那位精神病人一样，陷入自我迷惑的深渊。我不是没有过类似的迷惑，只是后来想通了。我为H感到高兴，也为自己感到高兴。

隐居瓦尔登湖畔的梭罗，和他的文学好友爱默生曾有过一段轶事。

据说，有一次梭罗因拒缴违背他信念的税款而被关进牢里。爱默生特地赶往探望，他对在铁栏内的梭罗说："戴维

（梭罗的名字）啊！你为什么在这里？"梭罗则看着铁栏外的爱默生，出言反问："拉尔夫（爱默生的名字）啊！你为什么不在这里？"

梭罗与爱默生虽然相知相惜，但在个性和信念上有着不小的差异，两人过着越来越不同的生活，偶尔还会彼此嘲弄。爱默生温文尔雅、谨言慎行，而梭罗离经叛道、我行我素。你有你的方向，我有我的方向，谁也不羡慕谁。每个人都能为他"为什么在这里"或"为什么不在这里"找到一个令自己安心、信服、自傲的理由。

我为什么在这？我为什么不在H那里，或H为什么不在我这里？除了个人的才情、际遇外，主要还是来自个人的选择。"我为什么在这里？"因为我自己选择来到这里，我的信仰、我的价值观、我的癖好让我选择来到这里。如果我还相信我自己，看重我的信仰、价值观、才情和癖好，就应该对"我在这里"感到满意。

那些经常问"我为什么在这里"的人，其实他们只是身体在"这里"而已，心思早已飞到他们所羡慕的、别人所在的地方去了，怎么还能说"我在这里"呢？他们真正应该问的是："我为什么不在这里？这里有什么不好？为什么我要从别人的身上看到幸福？"

夜渐深，我倒了一杯酒，到阳台上纳凉。明月当空，清风徐来。在今夜离去时，H说他要赶回旅馆，等一个美国来的电话，两天后又要飞往北京，真是个大忙人。

想起年轻时代经常和他在这样的夜晚到七七餐厅喝酒的乐事，不胜怀念，我不禁轻轻举起酒杯，在心里说："H啊，你为什么不在这里？"

这里本来很安静

我们每一个人，原也像这位行者般有一颗宁静的心。若你觉得这个世界乱糟糟、闹哄哄的，那是因为你失去了宁静的心。

一间相当高雅的餐厅，十来桌，二三十个客人。空间相当宽敞，桌与桌的距离拉得很大，客人说话也都低声细语，不像一般餐厅里那般嘈杂。真感谢做东的主人为我们提供了这样一个舒适的用餐环境。

在用完甜点，喝着咖啡时，旁座的陈君对主人说："这里很安静，甚至连音乐都没有。"

"这家餐厅的菜，价格其实不便宜，但它不像其他高档餐厅，有人弹钢琴、拉小提琴，"主人有点得意地解释说，"连音乐都不放，就是要为客人营造一个宁静的用餐场所。"

吃饭的时候就该专心吃饭。我一向不喜欢在用餐时听音乐，因为那无异于同时在侮辱厨师和音乐家。但能为了营造宁静而割舍被大众认为高档餐厅不可或缺的音乐，这位餐厅老板可以说是十分有魄力了。

在道谢过主人，离开餐厅后，各种市井喧嚣即开始此起彼落，让人心烦意乱，而马上怀念起刚刚那份难得的宁静。

也许是因为现代生活太过嘈杂、拥挤、纷乱，"我们用心为您营造宁静"就成了不少房地产、餐饮行业打动人心的一个优势。但严格说来，"营造宁静"这句话是不通的，因为人类只能制造声音，而无法制造宁静；只能提供纷乱，而无法提供安详。

任何环境原本都是宁静的，不能宁静、破坏宁静的是人，而不是房子、桌子或羊排。

美国著名主持人拉里·金的主持风格是出了名的尖锐，在其谈话节目上，嘉宾经常被逼问得血脉偾张，甚至"失去人性"。某次，一位印度教行者接受他的访谈，拉里·金提出了很多犀利的问题，而观众席上更是充满了怀疑、敌对、嘲弄的声音。

但行者自始至终一副安然自若的神情，气定神闲地回答每一个质问。

拉里·金不禁感到好奇，于是他双手靠在桌面上，欺身向前，逼视行者，挑衅地问："你怎么有办法如此安静？"

行者微微一笑，回答："这里本来很安静，是我们把它弄得闹哄哄的。"

宁静有两种：外在的宁静和内在的宁静。

我们每一个人，原也像这位行者般有一颗宁静的心。若你觉得这个世界乱糟糟、闹哄哄的，那是因为你失去了宁静的心。

宁静不必刻意向外寻求，与其"用心营造"，不如"寻找失物"，找回自己那颗宁静的心。

你，创造了世界

诗人惠特曼说："整个宇宙的理论受到单独一人的控制，那个人就是你。"

一场饭局，在座的有几个年轻的作家。有人谈起小说创作和人生经验的问题："不知道是不是海明威说的，他说，不幸的童年是一个作家最好的磨炼。"

是谁说的并不重要，业内的确有这样的看法。不是也有人说"创作是苦闷的象征"吗？在小说家中，一脸不幸的人似乎比一脸幸福的人要多。

"那我不是错过自我磨炼的最好时机了吗？"一个瘦小的家伙遗憾地说，看来他是宁可拥抱不幸，也要写小说了。

我忍不住插嘴说："你想要拥有一个不幸的童年，永远不会嫌太迟。"

大家显然是一头雾水，我只好说了一个故事。

维克多·弗兰克尔是知名的意义治疗学家，很喜欢爬山。有一次，他邀请一位教授去爬山，那位教授一听到"爬山"，立刻露出痛苦的神色，随即不好意思地解释"这都是受到童年经历的影响"。因为童年时，他父亲总是拉着他去爬山，这使得他对爬山心生怨恨，觉得那是他童年时代最不幸的经历。

但弗兰克尔告诉那位教授，小时候他父亲也总是拉着他去爬山，结果却使他喜欢上了爬山，和父亲去爬山是他童年时代最幸福的经历。他现在之所以喜欢爬山，也是"受到童年经历的影响"。

这就是"你想要拥有一个不幸的童年，永远不会嫌太迟"的意思，因为每个人都可以对同样的童年经历做出不同的解释。别人认为很幸福的经历，你也可以将它解释成很不幸。

有人一再提醒我们——童年塑造了你。弗兰克尔和那位教授虽然有着类似的童年经历，但因为两个人的感受和解释不同，便有了不同的童年回忆，而且还对他们往后的人生产生了不同的影响。所以，其实是"你塑造了自己的童年"。

有人说："上帝创造了人类。"也有人说："人类创造了上帝。"因为上帝是否存在？是何模样？端看你怎么去想了。

同样地，对"父母创造了你""环境决定了你""老师塑造了你"等说法，将它们翻转过来，说成"你创造了父母""你决定了环境""你塑造了老师"也都能成立，而且可能更适合个人的情况。因为父母是否慈爱、环境是好是坏、老师是让人怀念或令人痛恨，端看你个人本身对他们有什么感受，做了什么样的解释。

这也正是诗人惠特曼所说的："整个宇宙的理论受到单独一人的控制，那个人就是你。"

没错，宇宙中有太多太多外在的客观真实，但你要怎么感受、如何解释它们，完全来自你内心的创造。

内心的创造是活的、源源不绝的，宇宙和尘世的一切、你个人所有的既往，其实都"尚未过去"，依然"有待完成"，因为它们随时在等待你为它们赋予新的感受和解释，产生新的意义。

所以，可以说，我们每一个人都是小说家。我们活在一个什么世界里呢？我们活在一个自己所创造的世界里，然后被自己所创造的世界框住。既然如此，那你何不创造一个让自己更满意的框呢？

也许你无法改变世界、改变童年、改变他人，但你可以改变自己对他们的创造。

与自己的甜蜜生活

我觉得自己就像上帝或野兽般孤独而快乐。虽然孤独，但是一点也不寂寞，因为我有一个最知心的伴侣——我自己。

凌晨三点，在厨房吃完自制的烫花枝（台湾人称鱿鱼为花枝），躺在客厅沙发上看了一会儿电视，又溜回书房，边上网边轻轻地哼起歌来。我只有在单独一人的时候才会唱歌，虽然听起来有点像猫头鹰的低鸣，但那是快乐的歌声。

妻子赴北京，女儿刚出嫁，儿子去当兵，父母在乡下，偌大的屋子里只剩下我一人。

我有十四天独处的时间，它们就像十四颗璀璨的宝石，在我眼前闪闪发光，我已经很久没有这样珍贵的机会了。

说我渴望独处，似乎会让我对家人产生某种罪恶感，但我实在非常感谢他们这次集体、甜蜜的缺席。他们这次甜蜜的缺席，使我得以过上另一种甜蜜的生活——和自己的甜蜜生活。

年轻时代，我长年独居。经常一个人待在斗室里，出门也都是独来独往。

据说，只有上帝和野兽喜欢独处，当时，我觉得自己就像上帝或野兽般孤独而快乐。虽然孤独，但是一点也不寂寞，因为我有一个最知心的伴侣——我自己。我想，上帝和野兽之所以喜欢独来独往，大概也是因为他们相当满足于能与自己为伴吧。

但我毕竟不是上帝或野兽，最后我还是融入了社会与家庭之中。不过在安于群居生活一段时日后，当我看到在风中飘荡的一片秋叶，我对孤独的乡愁瞬间被勾起，而渴望能暂时离群独处。这不是我不爱与他人为伴，而是希望能多一点和自己厮守、对晤的甜蜜时间。

自在，就是别人不在。只有当别人不在时，我才能过完全自在的生活。自饮自食自游憩，自歌自舞自徘徊，完全依照自己的性灵本质，完全听从自己的生命节奏，而这岂不就是上帝和野兽的共通点吗？

就在我重温上帝与野兽旧梦的同时，我的灵魂也得到了治疗。独处，让我的灵魂抖落它在各种人际关系中所沾染的尘埃，卸下它在各种社交场合中所常戴的面具，让其原本的清肌素颜得以重见天日。

　　在独处中，我总是喜欢舀一瓢孤溪之水，静静洗涤我的灵魂，好让它在不久后能像蜕皮的蛇，以清新之姿重新回到人群中。

　　"人类的所有不幸，都来自无法在安静的房间里独处。"帕斯卡尔如是说。我很庆幸我喜欢我自己，也喜欢能在安静的房间里和自己过甜蜜的生活。

对时间慈悲

慈悲有一个意思是不要有分别心。晚上的时光和清晨的时光同样可贵，老年的岁月和青春的年华同样迷人，这才是对时间真正"慈悲的珍惜"。

偶尔起个大早，就和妻子到附近爬山，舒活一下筋骨，顺便享受自然美景和清新的空气。

但这也是最近几年才有的事。

刚开始时，对于将早上的大好时光用在爬山上，我总有一种模糊的罪恶感。究其原因，大概是受到"一日之计在于晨"这句格言的影响。

记得在初中时代，我每天早上都是不到五点就起床，用冷水洗脸后，就坐在灯下温习功课或者背诵《唐诗三百首》

和《古文观止》。"三更灯火五更鸡，正是男儿立志时"，怎么可以平白浪费清晨的大好时光呢？

后来虽然我已逐渐晚起，但偶尔起个大早，就更加珍惜，一定会去做我认为有意义、重要的事。对我来说，所谓"重要、有意义"的事，也不外乎写作和读书。

那现在我又为什么一大早就去爬山，开始"享受"了呢？因为我发现自己太不慈悲了，不仅对自己不慈悲，更是对时间不慈悲。

有人问爱因斯坦什么叫"相对论"？爱因斯坦开玩笑说："当你和一个漂亮的女孩子坐在一起两个小时，感觉上好像只有两分钟；但如果你坐在热火炉上两分钟，那感觉上好像有两个小时，这就是相对论。"

其实，我觉得还有另一种时间"相对论"——认为某些时间（段）是重要的，而某些时间则较不重要。也就是对不同的时间给予不同的评价。

"一日之计在于晨"可以说就是这种"时间相对论"的产物，虽然意在勉励，却也让人对一天的其他时间产生了有所差别的想法。但试问，清晨的一分钟何曾比下午的一分钟更多？

有了"一日之计在于晨"的说法，自然就有了"一生之计在于少（年）"的想法。它原本是在劝人珍惜少年时光的，但殊不知这正是让很多人在迈入中年或老年后，感到闷闷不乐的原因之一，因为他们觉得人生"最美好的时刻"已经一去不回了。但试问，老年人的一天何曾比少年人的一天更少？

　　慈悲有一个意思是不要有"分别心"。晚上的时光和清晨的时光同样可贵，老年的岁月和青春的年华同样迷人，这才是对时间真正"慈悲的珍惜"。

　　随着时间的推移，一个人由出生到老死，在"时序"上，我们又产生了另一种"相对论"，那就是一些电视连续剧的"老套路"："好人"在开始时总是生活艰难，尝遍了各种苦头，后来则苦尽甘来，过上荣华富贵的生活。而"坏人"则在开始时过着荣华富贵的生活，但后来恶有恶报，生活变得艰难，尝遍了各种苦头。

　　但"先苦后甘"与"先甘后苦"，跟庄子所说的"朝三暮四"与"朝四暮三"有什么差别呢？为什么要对它们做出不同的评价呢？"名实未亏，而喜怒为用"，这似乎是一个对时序存在迷惑的问题。而将"先甘后苦"与"先苦后甘"视为一样好，也应该是一种慈悲吧？

今天起了个大早，本来想写稿，又被妻子拉去爬山。走出小区大门，妻子神采奕奕地说："是要从乐天宫上去，还是从圆通寺上去？"

前一条路线上山时较陡，是"先苦后甘"；后一条路线则是下坡，不好走，是"先甘后苦"。

我慈悲地说："你想怎么走，我就怎么走，对我来说都一样。"

为心灵点一盏灯

走在黑暗中，只有那"里面有光"的人，才能依旧散发出雍容高雅的光彩，甚至看起来比平常时候更加迷人。

每次经过那座教堂，我都会多看几眼。

教堂的门窗装饰着拜占庭式的彩色镶嵌玻璃，那些描绘宗教圣景的图像，在阳光的照射下，散发出亮丽的光彩，勾留我匆忙的脚步，让我想起心中一个遥远的美好国度。

但在深夜路过时，特别是在没有月光也没有灯光的深夜里，四周一片静寂，教堂也仿佛陷入了沉睡，白天散发出亮丽光彩的镶嵌玻璃变得厚重而幽暗，原本让人心向往之的圣景，在暗色中缠绕，成了某种光怪陆离的东西。此时，我总是低着头匆匆而过。

不过，这座教堂最让我驻足流连的时刻，却是白天与深夜之间的入夜时分。晚饭刚过不久，我有时候经过教堂时，会发现里面有光，教堂内的灯光投射在门窗上，彩色镶嵌玻璃上的人物仿佛获得了生命般，散发出比白天更瑰丽的光彩。

每个人都像一间教堂，亦自有它的白天与夜晚、光明与黑暗。

在生命光明的时刻，一个人表现得雍容高雅迷人，并不稀奇，就像歌德所说的："阳光照射之处，连脏东西也会闪闪发光。"但在黑暗困顿、失去照耀的时刻，多数人都走了样，变得面目全非；只有那"里面有光"的人，才能依旧散发出雍容高雅的光彩，甚至看起来比平常时候更加迷人。

今夜，我又经过那座教堂，教堂里面有光，门窗上的玻璃散发出灿烂夺目的光彩。我知道，有信众在里面祈祷、颂唱。

我也知道，生命的雍容、高雅、迷人来自个人内在的光亮，它不能靠别人，而要靠自己内在的修为——经常走进自己心中的教堂，在那里点上灯，付出自己的信仰和爱。

真想摆脱它

即使破釜沉舟，以巨大的勇气摆脱所有的人和事，遗世独立，依然无法摆脱那最后的罗网——你和自己的关系。

几年前，某位友人一脸忧郁地对我说："只要我能摆脱那个女人，过自己的生活，我就能找到真正的幸福。"

"那个女人"指的是他的妻子。在婚前，他热烈地追求她，不止一次说"只要能和她结婚，那就是我一生的幸福"，但现在，他觉得自己被那个女人给缠住了，不再觉得幸福。

他说到做到，真的摆脱了他的妻子。

离婚后，他开了一家个人工作室，从事按件计酬的美工设计。虽然收入不固定，但那是他喜欢的工作。

谁知道没过两年，我有一次去找他，他又满脸悲愁地对我说："只要我能摆脱这些工作，搬到山上去，我就能过上真正快乐的生活。"

很显然，他又觉得自己深深陷在以前向往现在却无比厌烦的工作泥沼里去了。他开始渴望能搬到山上，种些果树，与山林为伍，过与世无争的简朴生活。

虽然到现在，他还没有真正如愿，但我想，即便他真的搬到山上去，不出三年，也许他又会觉得自己被那些果树和山林给绑住了，而渴望能够脱身吧。

生活为什么会变得苦闷无趣呢？答案似乎很简单，就是因为自己被某些人、某些事给缠住了，感觉喘不过气来，身不由己，无法做自己真正喜欢做的事。有了这种想法，自然就想要摆脱。但好不容易摆脱一个缠住你的东西后，过不了多久你就会发现，自己又被另一个东西给缠住了。

这正是所谓的"尘网"。

活在这个世界上，每个人都必然要和某些人、某些事纠缠在一起，脱身不得。即使破釜沉舟，以巨大的勇气摆脱所有的人和事，遗世独立，依然无法摆脱那最后的罗网——你和自己的关系。

为什么原本让自己觉得"幸福"的人和事，最后却一个个让自己感到"厌烦"呢？问题可能很复杂，但答案也许很简单。关键不是在那些人和那些事，而是我们和自己的关系出了问题。

我的那位友人似乎就是这种情形，其实，不是他的妻子和那些工作缠住了他，而是他对自己的厌烦缠住了他的妻子和那些工作，或者说，他被对自己的厌烦给缠住了。

真想摆脱它。的确应该摆脱它，因为那个"它"，不是别的，正是我们对自己的厌烦。

心中一片海

　　我经常在我的心中看海。在那些看海的日子里，我看到了保持内心宁静的一个秘密。

　　一阵刺耳的婴儿哭声，拥挤、密闭而快速前行的地铁车厢内，间歇性的推挤与挪移，各种体味混合在一起，不同的声音一起涌入耳中。

　　我闭上眼睛，或者说将眼光投进内心，一个清静怡人的海湾就浮现在我的眼前。春天的黄昏，我站在一块岬岩上，看着前方无尽延伸的湛蓝色的海洋。清风徐来，我的内心顿觉无比的宁静。

　　当然，这只是想象。

　　但想象力是灵魂的眼睛，在灵魂之眼的注视下，每个人都可以创造出自己渴望的影像。

这心中的一片海就来自我的创造。不管外界是酷暑严寒、狂风暴雨，还是喧嚣纷扰、污浊混乱，我的心中都有一个永恒的春天、一个怡人的海湾，只要我凝神内视，它立刻可以让我获得宁静。

就这样，我经常在我的心中看海。看着看着，那一片海就越来越清晰。

海并非都是平静的，在我站立的岬岩下，有惊涛拍岸，有浪潮起伏，还有漩涡乱流，但这只是周边的骚动，不会波及中心的稳定。海也不是全然干净的，有垃圾、油渍和腐物在近岸的海潮中浮沉，但这也只是外围的污染，无损于中心的澄澈。

内心的宁静，并不是要远离喜怒哀乐，让心灵变成一摊死水，没有任何情绪波动，而是要有一个稳定的中心；内心的洁净，也不是不食人间烟火，永保晶莹剔透、一尘不染，而是要有一个澄澈的中心。

宁静，并不是要远离风风雨雨，而是要在风风雨雨中保持内心的平和。

如果你想要在风风雨雨中保持宁静，那你的心就要像大海，宽阔浩大，而且有一个稳定、澄澈的中心。

一个清晰而坚定的人生观和价值观，不会因一时的起落和挑衅而受到干扰，因为这些都只是周边的、枝节的、暂时的骚动，根本不足以动摇你的价值核心。

有时候，外在的挑战非常巨大，会在海上兴起狂风巨浪，触目所及之处，都是惊涛骇浪。但只要海水够深，你将发现，在那海洋深处依然是一片安详宁静，不安和骚动只是表面的现象。

只要你的人生观和价值观扎根扎得够深，那么即使你在风雨中飘摇，你的内心深处依然可以保持一片安详宁静。

我经常在我的心中看海。在那些看海的日子里，我看到了保持内心宁静的一个秘密。

不欢喜也自在

我希望我的情绪世界里有阳光、有风，也有雨。一年到头晴空万里、阳光普照，是我最害怕的，因为那意味着我的心灵即将被沙漠化。

一年多以前，我建立了一个个人网站，发布自己的作品，并和网友进行交流。

一日，一位网友上网留言，特别提道："照片上的你并不开朗，建议你去跟圣严法师学禅，天心月圆，欢喜自在。"

网站上的照片，是我几年前到纽约探访我的妹妹时，在爱丽丝岛一面贴满移民者照片的墙壁前留下的影像，照片上的我看起来有点哀愁。

这位网友的观察可以说是相当入微了，我给他的回复是：

"谢谢你的关怀和建议。你说的没错，我的确有些不开朗，但有些时候也自觉自己很开朗。我想，人生就在于光与影的适当分配。我也希望自己能更开朗一点，但我更渴望能有较高质量的不开朗。我喜欢某些不开朗的时候，因为它让我看到了在开朗时无法看到的某些东西。云在青天水在瓶，欢喜自在，不欢喜也自在，谢谢你的关怀。"

其实，现在的我比起以前已经开朗许多了，更准确地说，是开朗的时间远远要多于不开朗的时间。有时候，因为长时间的开朗、欢喜与平顺，我竟觉得有点单调，而开始怀念起过去那眉头深锁、借酒消愁、像一匹负伤的狼在暗淡的月色下悲嗥的日子。于是，犹如怀念老友一般，我会坐到一个阴暗的角落，招来各种悲愁的回忆，闷闷地喝着酒，沉浸在那久违的、甜蜜的哀伤中。

每个人都有一些负面的情绪，比如忧郁、焦虑等，有人想去之而后快，但我一点也不想消除我的忧郁或克服我的焦虑。不是我特别钟爱忧郁与焦虑，而是我喜欢我的开朗、我的宁静，但同时也喜欢我的忧郁、我的焦虑，它们在我的生活中起起落落，为我的生命增添了丰富的色彩。

我希望我的情绪世界里有阳光、有风，也有雨。一年到头晴空万里、阳光普照，是我最害怕的，因为那意味着我的心灵即将被沙漠化。

所以，当忧郁或焦虑来袭时，我会张开双手欢迎它们，并细心地品尝它们，因为我知道它们也会像快乐或恬静那样，无法持续，终将消逝。在它们消逝之前，我应该对它们好好加以珍惜，并在珍惜中开发出更高格调的、有着美学意味的忧郁和焦虑。

生命的一个吊诡是，当你想好好珍惜你的忧郁和焦虑时，你将发现，你已不再那么忧郁和焦虑。

最后的给予

**只有你自由，我才能自由；只有你宁静，我才能宁静。
想得到自由与宁静，那就给予他人自由与宁静。**

在容易令人感伤的夜晚与灯光下，一个年轻朋友谈起他
那尚未完成而又难以为继的恋情："我给予我的爱人各种东
西，包括我全部的呵护和关怀，想不到她竟离我而去，投入
了别人的怀抱。"

以为他要和我分享他的不幸和怨怼，他却说："我无怨无
悔，因为我一直相信爱就是给予，我多么希望能再多爱一些，
多给予一些。但现在，更多的给予只会造成她的困扰，而我
又忘不了她。"

既然这样，我就给了他一个建议："你应该继续给，为她

做出最后的给予。"

"我还能给她什么呢？"他的脸上露出一丝怀疑与期待。

"给她自由。"我说，"放她走，让她走出你的脑海。"

看他陷入沉思的模样，我想他一时也许做不到，但最后他终将这样做，也不得不这样做。

并不是给对方有形的、实质的东西才叫给予，也不是付出自己的呵护与关怀才叫给予。"给她自由，放她走"，表面上看起来什么也没"给"，却是最难的给予，也是最大的给予。

有人说："你想得到什么，就要先给予什么。"你付出你的爱，你才能得到爱；你给予对方快乐，你就能得到快乐。但当对方不想再让你给、再让你爱，而使你陷入痛苦、想不开、惶惶不可终日的情绪中时，你要怎么办呢？

如果你想让自己重获自由，那你就要给对方自由，放他走；如果你想让自己恢复宁静，那你就要给对方宁静，不要再去打扰他。

你能给予的，方是你能真正拥有的；而你无法或不想给予的，就会反过来盘踞在你的心头，折磨你。

如果已经没有爱，只剩下恨，这种折磨就会更加锥心刺骨。那就好比在自己的心里设下了一个地狱，表面上看来，是你将所恨的人监禁其中，以刀山油锅惩罚他，但其实真正痛苦的是你自己，因为地狱是在你的心里，而不是在对方身上。

这时，你更该打开心中的地狱之门，放他走，给他自由。只有你心中没有了地狱，你才能真正获得宁静与自由。

爱情是如此，其他人际关系也是如此。

以前，我总是会出于一片爱心，给父母、妻子、儿女、同事这个那个，但随着年岁的增长，我慢慢看出，我给予他们最少的，其实是自由和宁静。

也许是因为自己越来越渴望得到自由和宁静，所以我除了打开我心中的地狱之门，将那些我所怨怼的人全部扫地出门外，对那些我所爱的人，我也尽量给予他们自由和宁静。我给予的越多，我就得到越多。

然后我发现，我变得越来越能给予他人自由与宁静，因为只有心中拥有自由的人，才能给予他人自由；只有心中拥有宁静的人，才能给予他人宁静。

只有你自由，我才能自由；只有你宁静，我才能宁静。想得到自由与宁静，那就给予他人自由与宁静，那是最难的给予、最大的给予，也是最后的给予。

黑白两无常

快乐无常，悲苦亦无常；光明无常，黑暗亦无常。唯其一切无常，我们才能在不可能中看到可能。

"这几天我深切体验到生命的无常……而无常就是苦。"在电话那头，友人低沉着声音说。

待了二十年的公司说倒闭就倒闭，最后他只领到了微薄的遣散费。更要命的是，身体不适的妻子到医院做检查，结果竟然是宫颈癌第三期。原本安稳平顺的生活，在"一朝若也无常至"后，就忽然分崩离析了。

我的心情不禁也跟着沉重了起来。

无常，就像一团迅然掩至的巨大黑影，在不经意之间吞噬我们天真的盼望、无辜的欢乐，让人措手不及地呆愣在那里。

"诸行无常，是生灭法"。友人和他妻子的影像，还有五味杂陈的诸般想法，不断地在我的心中翻涌。

但友人其实是有问题要问我，他要问的是宫颈癌的预后——也就是活存率的问题。与医学日久情疏的我，对那些数据早已不甚了了，不过我还是说了一些安慰兼鼓励的话：

"宫颈癌的治愈率当然是有各种数据的，不过那都是根据过去的常例来预测的。但就像你所说的，生命是无常的，那些数据也是无常的，悲观的预测也都是靠不住的。只有坚信生命无常，你和妻子才能挣脱、打破常态的预期……无常就是希望。"

"无常"的一个客观内涵是"变化"。万事万物生灭不息，可以说是宇宙与尘世之"常理"。不过当我们说"生命无常"时，伴随的常是悲苦之情。但假如"生命恒常"，任何事情都没有改变的可能，那也许才是更大的悲苦。

快乐无常，悲苦亦无常；光明无常，黑暗亦无常。唯其一切无常，我们才能在不可能中看到可能。但这种因无常所带来的希望，常被人们所忽略。

小时候看戏，看到"无常"有两个扮相：一个是凶恶狰狞的"黑无常"，一个是慈眉善目的"白无常"。无常就是无常，为什么有黑白之分呢？在和友人通完电话后，我似乎才了解其中可能的深意。

我想，在友人和我的对话中，友人说的是"黑无常"，而我说的则是"白无常"。当生命中的种种不幸意外降临时，"黑无常"让你看到了"悲"，让你灰心丧志、束手就缚；"白无常"则让你看到了"慈"，让你发现契机、点燃希望。

每个人的心中其实也都住着黑白两位无常。

生命无常，悲欣无常，黑白亦无常。无常总是在我们措手不及时掩至，但愿届时浮现在你我心头的，是"白无常"而不是"黑无常"。

和苏格拉底逛商场

我们一再被灌输"拥有某种东西"的快乐,却忘了"没有某种东西"所能带给我们的另一种快乐。

这已是我第三次来台北 101 的购物商城了。

近几个月,有亲友从外地来,不管是来自台中或纽约,这里都成了最受欢迎的景点。宽敞的空间、沁凉的冷气、典雅的橱窗、精致的商品,让人仿佛置身天堂。

虽然我从来没有在台北 101 或者京华城、微风广场、新光三越买过东西,但每次到这些地方,我都流连忘返。当然,大部分的人来到这里也都是不买东西的,不过,每个人"逛"的用意可能都不太一样。

我有一个朋友,说他的妻子喜欢逛百货公司是为了"动心忍性，曾益其所不能"。她流连在昂贵的服饰中，东摸摸、西瞧瞧，非常动心，但又强忍着想买的冲动。"想尽量不买"，是她在百货公司里的自我磨炼。

看来，我们是不能低估那些在商城和百货公司里的闲逛者们的心态了。

我到这些地方，除了陪伴亲友，以及纯粹的欣赏之外，恐怕还有苏格拉底逛雅典市集的味道。

苏格拉底是位生活简朴的哲学家，却喜欢到雅典市集中闲逛。他经常驻足商店的橱窗前，兴致盎然地看着里面琳琅满目的商品。

有一个朋友忍不住问他："你为什么会受到市场商品的诱惑呢？"

苏格拉底回答说："我喜欢逛市集，是想去发现有那么多东西，我没有它们也能过完全快乐的生活。"

自从"邀苏格拉底做伴"，陪我逛百货公司和商城后，置身令人目眩神迷的精致商品间，我就有了另一种愉快、轻松而又惊讶的感觉——这里，真是吓死人了！居然有这么多我并不需要的东西。

在消费至上的社会里，我们一再被灌输"拥有某种东西"

的快乐，却忘了"没有某种东西"所能带给我们的另一种快乐。其实，这才是我在逛百货公司时所获得各种快乐中最大、最轻松的快乐。

有一位朋友是做广告设计的，他在介绍他的工作时，喜欢引用一句名言："我们的职责是让人们对他们所拥有的东西感到不快乐。"想要快乐吗？那就赶快去买他们广告中那种更时髦、更新奇的商品吧！

这的确是刺激购买欲望的一个好方法，但我总是调侃他说，他必须为这个社会的不快乐负一点责任，因为他在制造需要的同时，也制造了不快乐。

我有一双皮鞋、一双运动鞋、一双凉鞋，虽然只有三双，但已经满足了我在走路时的基本需要。当然，我可以再买更多的鞋子，但我很清楚，那不是为了"需要"才购买，而是为了"拥有"才购买。

"为拥有而购买"正是消费社会的特征。拥有某些时髦的东西，固然能带来短暂的快乐，但若非真正的需要，就不会有真正的满足，你很快就又会感到空虚、闷闷不乐，于是就又去买更多更时髦、更新奇的东西。或许你只是希望自己能更快乐一点，但这其实是一种恶性循环，也是很多"病态购物狂"的受困泥沼，因为他们买的根本不是他们"真正的需要"。

为了引诱你一再地去购买不断推陈出新的商品，商人的"真正需要"就是让你在买了一种东西没多久后，就感到不快乐。

在让人仿佛置身天堂的宽敞空间、沁凉冷气、典雅橱窗、精致商品间，我流连忘返，因为自己的"不需要"与"不被需要"而感到轻松无比。

放手吧！猴子

在啜饮椰子汁时，看着那一排排铁笼，我竟对那些猴子为什么会来到这里感到好奇起来。

一排铁笼，里面关着各式各样的猴子，虽然有种属之别，但形貌跟以前见过的猴子也无甚差别，似乎没有什么看头。

离鳄鱼表演还有一段时间，闲着也是闲着，既来之则看之，我开始四面环顾起来。一只猴子看到我接近，从地面跃上铁栏杆，机灵地瞅着我手上的一根香蕉，那是刚刚喂食小象剩下来的。

我拿起香蕉，猴子立刻伸手抓住。我起了童心，不想放手，说时迟那时快，它的另一只手忽地伸出栏杆，作势想攻击我。我本能地松手后退，它马上抓着香蕉跳到笼子里面的角落里，开始吃了起来，还一边用余光打量着我。

猴笼边有一处贩卖部，在啜饮椰子汁时，看着那一排排铁笼，我竟对那些猴子为什么会来到这里感到好奇起来。

我不知道泰国人怎么捉猴子，但对非洲人如何活捉猴子略有耳闻。

在非洲的丛林里，有人专门以捕捉猴子为业。因为要把猴子外销到国外的动物园，所以在捕捉过程中不能对猴子有任何伤害，于是土著们就想出了一种特殊的方法。

他们先准备一些很重、瓶颈狭长的大玻璃瓶子，瓶子里装着各种气味芬芳的水果，然后将瓶子放到丛林里的地面上。第二天一早，当他们再回到丛林中时，他们就会发现每一个瓶子都"卡住"了一只猴子。就这样，他们轻松地将猴子抓住。

猴子为什么会被瓶子"卡住"呢？原来猴子闻到水果的芳香，爬下树来，观察玻璃瓶半晌，忍不住就把手伸进瓶子里去抓那些水果。当要抽回时，紧紧抓住水果的手却被瓶颈给"卡住"了，抽不出来，而瓶子又太重，猴子无法带着瓶子跑，结果就这样被"卡住"了。

其实，这些猴子只要松开手，放弃手上的水果，就可以全身而退。但这正是这种捕猴"陷阱"的妙处所在：要这些猴子平白放弃已经到手的水果，简直比登天还难，结果它们只好一一束手就擒。这一方法屡试不爽。

也许有人会认为，这些猴子实在是"太笨"了，但仔细想来，人类跟这些"远房表兄弟"其实也相差无几。

有时候，我觉得自己好像被什么东西卡住了，不得脱身，但卡住我的并非什么瓶子或瓮子，不是那看起来很"沉重"的工作或他人，而是我手上、心中牢牢抓住、舍不得放弃的东西。那可能是名，可能是利，也可能是爱欲或者其他的贪恋。

那才是我真正应该放手的。

想到这里，我轻轻放下手中的椰子，在闷热午后的异国园林里，缓缓站起身来，伸了个懒腰。

辑二

不要虚掷我的美

如果眼睛是为了看见而生，

那么美本身就是它存在的理由。

活在当下之冰块禅

不管是在方形、圆形、心形或菱形的模子里，我所倒进去的水都能充盈其中，贴合圆满，没有丝毫空隙。这岂不就是"活在当下"最生动的比喻吗？

天气热了。妻子临出门前，交代要冻些小冰块。我到厨房，找出冻冰块用的塑料模子，将水倒进模子里。模子有各种不同的形状，方形的、圆形的、心形的、菱形的，不一而足。现代人真是什么都讲求变化，连冻一块小小的冰块也要挖空心思。

在小心翼翼地倒好水，将模子放进冷冻柜时，我忽然灵光一闪，觉得此"结冰之举"，虽是小事一桩，却让我恍若身进禅门，体悟到了一些禅机。

当我将水壶里的水倒进冰块模子时，水在方形的模子里就呈方形，在心形的模子里就呈心形。原本是同一壶水，却随遇而安，展现不同的形貌。

很多人喜欢用流水来比喻人的意识：意识如流水，流变而不居，虽然是同一条河流，但每一刹那流过的水都不一样，都在改变。而水壶里的水虽然不再流动，但不拘泥于一个既定的形貌，在水壶里时呈壶状，倒进冰块模子里，就转化成符合外在环境的各种形状，这是多么高明而灵活的适应能力啊！

而且，不管是在方形、圆形、心形或菱形的模子里，我所倒进去的水都能充盈其中，贴合圆满，没有丝毫的空隙。这岂不就是"活在当下"最生动的比喻吗？

我们总说要"活在当下"。但什么是"活在当下"呢？慧海禅师说，是"吃饭的时候专心吃饭，睡觉的时候专心睡觉"。这看起来似乎很容易，其实非常困难，因为多数人在吃饭的时候，经常是边吃边谈工作，睡觉的时候，不是在计划明天的工作，就是梦见逝去的光阴，留给"当下"的心思可能不到三分之一。

只有像水那样，将自己的全部心思都"充盈"在眼前的情境和人与事中，没有丝毫遗漏，那才是真正的"活在当下"。

想着，想着，我居然想起了老子。

"上善若水"，老子给予水极高的评价，以前只注意到他强调水的"柔"——"柔弱者生之徒""天下之至柔，驰骋天下之至坚"，但现在则对老子所说水的另外两个特性——"无有入无间"和"大盈若冲"有了新的了解。

根据道家文化学者陈鼓应的解释，"无有入无间"是"无形的力量能穿透没有间隙的东西"，但我现在觉得，将它说成"水因没有既定的形貌，所以可以进入任何形体，而不留任何间隙"，可能更恰当。

而"大盈若冲"这句，陈鼓应的说法是"最充盈的东西好像空虚一样"，但我的理解则是"对任何情境都充盈其中，其实是一种谦虚的表现"，因为不自以为是，不忸怩作态。

有人说"刹那即永恒"，为什么呢？因为当下的刹那是时间与永恒唯一的交会点，是唯一存在的时间，也是我们唯一能处理的时间。我们只有活在当下，才能在那每一瞬间里瞥见永恒。

每个人都希望能"活在当下"，而"活在当下"之难，在于我们难以"遗忘"。总是在为过去懊悔，为未来焦虑，我们不仅无法遗忘过去和未来，更无法遗忘自己固有的想法和反应模式，它们是我们享受生活最大的障碍。

只有能够遗忘时间，遗忘自己的人，才能"活在当下"，而只有谦虚的、不自以为是、不拘泥的人，才能遗忘自己、遗忘时间，在当下瞥见永恒，将当下化为永恒。

在那不起眼的冻冰块用的塑料模子里，我瞥见了生命的一个秘密。

聆听一个女人

在这个时候，她又会变得深不可测，充满悬疑性，再度成为神秘、令我费解而想进一步了解的女人，一如青春年少初识时。

在咖啡和甜点上桌后，我眼前的这名女子已诉说完她此次远游中的奇遇，而开始谈起她在旅途中产生的一个伟大的梦想。餐桌上的烛影摇曳，她的眼中有热情闪烁。

微笑倾听的我，受到她热情的感染，眼前也跟着出现一片辽阔的景象。仿佛又回到二十多年前，与这名女子初识时，在一样的夜晚，不一样的餐厅里，我听她细诉她对人生的憧憬、渴盼，她的彷徨、疑虑，还有生命中的一些小插曲和秘密。那时，我们正青春年少。

这么多年来，我们一直维持着这样的晚餐约会，暂时忘却了家务、孩子、工作和烦人的琐事，谈论并倾听彼此的梦想。在这方面，我们总是有说不完的共同话题。然后，我们点起热情的火炬，策马同行，携手去实现各种大大小小的梦想。

眼前这名女子，就是与我结婚二十多年的妻子。

从某个角度来看，爱情与婚姻就像是一场长谈。刚开始时，我喜欢而且一再地谈论我自己，因为我渴望被爱。但慢慢地，我学会了倾听，因为我发现，倾听才是爱的职责。

在倾听中，我慢慢听到了一种跟我不太一样的声音，它们来自我妻子的内心世界，要求被了解、被重视。在尝试了解这种声音一段时间后，我又慢慢学会了另一种倾听，去倾听那没有说出来的话语，那关于妻子的隐秘的、更深层的内在之声。

在白天，我倾听，在夜晚，我倾听；在灯下，我倾听，在床上，我倾听。虽然倾听的是我，但我知道，我必须全然地无我，以清纯的注意力去倾听，才能听到更多的声音和真正的声音。

就像有人从一粒沙中看到整个世界般，我从一个女人——我妻子——的身上，听到了整个女性世界的声音。

但我最喜欢倾听的，还是在晚餐约会中，她眼中点燃热情之焰，开始诉说她那远大的梦想和抱负。此时的她就像传说中的亚马孙女战士，揽辔长啸，准备出征。

虽然我知道，这么多年来，她那些梦想经常在奔驰一阵后，就化为原野上的清风，但我还是喜欢听她那永不疲惫的诉说。

因为，在这个时候，她又会变得深不可测，充满悬疑性，再度成为神秘、令我费解而想进一步了解的女人，一如青春年少初识时。

星光的教诲

星空，是自然在黑暗中为人类所写就的神秘诗篇。我每次抬头仰视，仿佛都听到它对我的教诲："在黑暗中，你将看得更多，而且更远。"

关掉屋内和屋外的灯光，我将躺椅搬到花丛深处，静静地躺下来。苍穹的点点繁星就出现在我眼前的黑暗中。

每次到山中农舍小住，我总是期待入夜，期待黑暗，期待在黑暗的夜里观看满天星斗。

越黑暗，我就能看到越多的星星。所以我也总是关掉所有的灯，让我的心灵不再被人为的光线、虚拟的光明所侵扰，而在静寂与黑暗中，将心灵敞开来，开放给无穷浩瀚的整个宇宙。

只有在黑暗中，我们才能看到另一种光——比阳光更遥远、更神秘的星光。

凝视夜空中的点点繁星，总是让人兴起赞叹与敬畏之心，产生神秘而深邃的情愫，觉得在那高高的天际似乎存在着另一个国度，让人心向往之。

众星默默，它们的闪烁、排列和运行，似乎也都各有其深奥的含义，而且和尘世的我们有着某种神秘的关联。

在山夜的黑暗中，我静静看着满天星斗，仿佛目睹这个神秘天国之乍现，心思飘浮在银河与十二宫之间，忘了时间，忘了一切，感觉到一种难以言说的宁静与喜悦。

那是我"沐浴在阳光中"时所无法体验的。我走进黑暗，我拥抱黑暗，为的就是希望能有这种更深邃的感受。

星空，是自然在黑暗中为人类所写就的神秘诗篇，我每次抬头仰视，仿佛都听到它对我的教诲："在黑暗中，你将看得更多，而且更远。"

的确，只有在漆黑的夜里，我们看到的星体才能多如恒河沙数，也才能看到那来自最遥远星系、宇宙尽头射出的光。

就是在对这巨大黑暗的张望中，我第一次认识到自己的渺小，学习到活着要谦卑。

这种黑暗中的光明，永恒而无言，是自然赐予我们的另一种光明。

而如今，我只能在远离文明的乡野，才能清晰地望见这种深邃而神秘的光明。

也唯有当我沉浸在这种光明中时，我才能醒悟，所谓"光明的城市"，其实是被光明所"污染"的城市。每隔一段时间，我都渴望远离城市，而我渴望的，其实是逃离那被众人歌颂的、令人目眩神迷，甚至蒙蔽内心的光明事物。

自然不想让我们永远置身于光明中，所以在白天之外还给了我们黑夜，不想让我们只感受一种光明，所以在阳光之外还给我们星光和月光。

我的灵魂不想让我只过一种生活，所以每隔一段时间，就会将我从白天的城市带向黑夜的山野。

夜车上说故事的人

他的脸上露出一个非常灿烂而得意的笑容，让我想起自己曾经有过的悲伤中的快乐，或者快乐中的悲伤。

夜行火车上，一间软卧车厢，七个因这趟旅游而萍水相逢的旅人。

火车急速前行，窗外的夜色迷茫，整个大地似乎陷入了沉睡。软卧车厢内灯火通明，酒香弥漫，我们的谈兴正浓。

在香港和我们会合的林君，谈起他在九龙的电子公司、在深圳的工厂、从江西和四川来的女工、鲤鱼门的海鲜等。他的妻子每天都会从九龙搭火车到深圳，照管工厂顺便购物。

虽然他也算半个香港人，但每次旅游他还是喜欢参加台湾的旅游团。

"毕竟，有一些共同的什么，比较对味。"他喝了一口酒说。

导游陈君为大家添酒。劝君更尽一杯酒，为我们在这他乡暗夜的奇妙相遇而畅饮。我们不是陌生人，我们只是尚未彼此深谈、相互认识的朋友。

因为我们的倾听，林君遂又谈起："我大学时念的其实是中文系，硕士论文写的是《楚辞》。现在听到屈原，或坐火车经过湖南，我的肚子都还会痛。"

一抹飘忽的笑意浮现在他的嘴角上，几许朦胧的沧桑闪过他的双眸，接下来的故事似乎会引来满天星光，但火车忽然驶过一道铁桥，轰隆轰隆的声音打断了我们的期待，也带走了林君的秘密。

话题转到黄太太下午购买的一个虎娃娃上，我们都很好奇，她沿途已买了不少跟老虎有关的手工艺品。原来那是买给她十八岁的儿子的。她的儿子属虎，三年前的一场车祸使他下半身瘫痪，只能整天躺在床上，不再生龙活虎。

黄太太平静地诉说这些年来她的悲伤、她的愤懑、她对儿子无怨无悔的照顾。她的泪水已流尽，一张素面，因无法再为过去的悲伤流下新鲜的眼泪而显出奇妙的庄严。

这是儿子车祸后，他们夫妻第一次外出散心。"买虎娃娃，是买给儿子，也是买给她自己。"黄先生在一旁插嘴说。

火车的速度稍微慢了下来，似乎在爬坡。

我仿佛看到一个僵躺在床上的苍白少年，床边挂着颜色鲜艳的虎娃娃……"在我内心，老虎闻嗅着玫瑰"，我的脑海中突然浮现出这句诗。我不禁多瞧了黄姓夫妇一眼，看似平庸的人，却受到了不平庸的考验。

每一个人都有他的故事，不轻易向人透露，又渴望有人能用心倾听。但如果你知道有人将用心倾听你的心事，那你就会开始敞开心扉去诉说。

于是，我也说起了我的故事。

我读小学时，每逢元宵节就和姐姐到台中公园卖灯笼，中秋节则卖烟花。灯笼和烟花都是从在开杂货店的家里拿的。别人全家人坐在公园的草地上吃月饼赏月，我却要拿着一堆烟花羞赧地向人兜售，这听起来简直像是卖火柴的小女孩般可怜啊！喔，不！不！其实我心里很高兴、很充实，因为我觉得自己赚了不少钱。

为什么我会想起这样的往事？那是因为我们用来下酒的爆米花。刚刚在候车时，我看到一个穿着破旧的小男孩提着一堆爆米花在四处兜售。我觉得他可怜，就买了一包，他在收钱时，脸上露出一个非常灿烂而得意的笑容，这让我想起自己曾经有过的悲伤中的快乐，或者快乐中的悲伤。

一列疾驰的火车，七个微醺的旅人。今夜，是这趟旅行中最美好，也最值得怀念的部分，因为，我们诉说并倾听了彼此的故事。

如果，我们因此而彼此共鸣，相互感动，那是因为我们都是一棵大树上的枝叶。

我不想听你们对政局的评论，不想听你们对环保的意见，我只想听你们的故事，因为我在你们的故事中看到了自己，也在自己的故事中看到了你们。

不要虚掷我的美

美的事物无所不在，我不必费心去寻找，它们期待的，是我能为它们而冥想。只要我能为之深情冥想，我就能发现其中的美，那种超乎它们本来面目的美。

山路旁，岩石下，一丛小黄花在大树缝隙间漏下的阳光中默默绽放，我蹲下身来，静静欣赏它们的美。

山中多野花。

我以前还写过一篇文章，说一个登山客在人迹罕至的山中发现一朵野花，便想起爱默生的一首诗。

杜鹃花！如果有智者问你，

何以在天地间虚掷你的美？

告诉他们，如果眼睛是为了看见而生，

那么美本身就是它存在的理由。

为什么你会在这里？啊，美如玫瑰的杜鹃花！

我从来未曾想到去问，也永远不知道答案。

只是，以我单纯的无知来猜想，

是引我来到此地的力量也带来了你。

这篇文章要说的是："兰生于幽谷，无人而自芳。花儿不会因为没有人欣赏，就放弃他们的美丽和芬芳。人生在世，也不必因为没有人欣赏，就放弃自己的善良和纯真。"那是我当时的感受。

今天，看着眼前的这丛小黄花，我又想起了爱默生的诗和我的那篇文章，不过我此时的感受已不太一样。

爱默生知道他观赏的花叫杜鹃花，但很惭愧，我连这些小黄花叫什么名字都不知道。

小花啊！小花！虽然我不知道如何称呼你们，但即使你们不叫玫瑰，不叫牡丹，不叫杜鹃，都丝毫无损于你们的美。

你们会为自己在这山中寂寞地绽放，虚掷了你们的美，而感到遗憾吗？但愿我的欣赏，能稍稍减轻你们的憾意。

我来到山中，其实不是为了寻找美、发现美、欣赏美。但沿途难免有所见，触景难免生情，我想要和我能做的，其实是对这种所见事物的冥想。

　　当我无意中看到这丛小黄花时，我不会想将它们摘回家，也不想对它们做植物学的研究，也不再做道德或哲学的联想，只是单纯地蹲下来，触景生情，对之冥想。

　　在对小黄花的冥想中，我感受到一种超乎它们"本来面目"的美，那是经过我的心灵酝酿才产生的一种独特的美。爱默生若非加上他的心灵的想象，杜鹃花在他眼中也不会变得那么美。

　　大卫·休谟说："事物的美，只存在于为之冥想的心灵中。"我目前渴望的，或者说需要的，正是这样的冥想。就像"情人眼里出西施"一样，"不是因为你美丽，我才爱你；而是因为我爱你，你才变得美丽"。

　　大量、深情的冥想，让我看到的东西变得越来越美丽，美丽得越来越深刻。

　　美的事物无所不在，我不必费心去寻找，它们期待的，是我能为它们而冥想。路边的一朵小花、墙上的一块污渍、桌上妻子烧的一道菜肴、灯下儿子画的一幅画，只要我能为之深情冥想，我就能发现其中的美，那种超乎它们本来面目的美。

它们真正遗憾的是，我一眼掠过，想也不想，就无趣地离去。

它们遗憾，因为我虚掷了它们的美，那只有我能发现、感受的美。

在心灵的花园里

　　春天盛开的花朵，很多都已经凋谢。但我并不追悔，因为从花朵中失去的，将从果实里获得补偿。而那些斑驳的秋叶，在我眼中也比春花更炫丽。

　　清晨的薄雾中，我拿着小铲和镰刀，走在父亲身后，到园里去挖绿竹笋。

　　父亲教我寻找刚冒出土表约五厘米的笋尖，用小铲拨开周围的松土，再用镰刀割下。

　　泥土的气息、绿竹的清香、收成的喜悦，让第一次挖笋子的我觉得很新鲜。我很快就挖了七八根，其中的三根等一下就要上桌成为竹笋沙拉，其他的则将被我带回家。

　　绿竹林边原本种佛手瓜的地方，如今已改栽茶花，而左侧的空地则又搭了个棚子，种了百香果。每隔一段时间来农舍，我都会发现一些改变、一些惊喜，那都是父亲和母亲的杰作。

将采摘的绿竹笋放在檐下后，父亲见时间还早，便要我帮忙将昨天买的两棵樱花树苗带到园子前方。

"我昨晚躺在床上想了很久，觉得将它们种在这个地方最合适。"父亲边走边说，然后在靠近山溪的园子边停下来。

附近只有一棵木瓜树和两丛矮杜鹃，空地还很大，将来樱花树长大了，还有足够的生长空间。山溪外是条小路，经过的路人也可以观赏。果然是合适的地点。

苗圃主人说，樱花树苗已接过枝，两年后就会开花。我看着父亲将樱花树苗栽下，心中想象着樱花于此地盛开的情景。

父亲的脸上也露出神往之色。我想昨天晚上，他在床上构思的不只是樱花的栽种地点而已，一定还包括如何施肥、照顾，然后看着它们成长，含苞待放，一朵两朵，终至盛开，满树嫣红，而他和母亲就坐在树下……

这是父亲的梦想，也是母亲的梦想。自从十几年前，在山中买下这块地，盖了农舍后，它就成了父母发挥和实现他们梦想的场所。

园子里除了原有的槟榔、两棵梅树、三棵阳桃树外，其他的榕树、扁柏、肖楠、万年青、龙眼、杧果、番茄、南瓜、玫瑰、蔷薇、夜来香、杜鹃、仙人掌等，无一不是他们双手所栽。父亲还在花树之间铺设步道，架拱门，做造型。原本杂草丛生之地，在他们的努力经营下，竟已成为一座美丽的花园。

园中的一草一木，不仅是他们的心血，同时也在反映他们的意念。因为要种什么、种在什么地方、整体要如何安排等，都来自他们的喜好、品味、心中的理想秩序与结构。所以，它其实也是我父母的"心灵花园"。

父母虽然已经年迈，但每一个年老的园丁，心中都有一颗依然年轻的心。因为在花园里，每天都有新的工作、新的计划、新的梦想等待他们去实现。

十几年来，每次来到这里，我都能看到父母那永不停歇的计划，一再推陈出新的梦想。他们心目中的理想花园，似乎永远处于尚未完成的状态，永远有待改进。

走在父母用心经营的花园里，我总是很容易就想起自己心中的花园。我那以观念为种子，拿思想做土壤，用意志去栽培的心灵花园。它也已几经更迭，但无一不是在反映我的生命情调和心灵品味。

曾经，我的心灵花园里丛生着虚无的杂草和怀疑的荆棘，它们夺走了玫瑰与果树成长的养分，而使我的灵魂显得荒芜而萎靡。后来，我听从波斯诗人鲁米的教诲："要浇灌果树，不要浇灌荆棘。"它才又恢复生机和活力，再度欣欣向荣。

曾经，我有太多的梦想、太多的希望，而在花园里播下太多的种子，虽然不是每粒种子都能发芽、成长，但整座花园还是显得太过拥挤、太过杂乱，每一棵树、每一朵花都因缺乏足够的养分而发育不全。

后来，我学习到人要懂得割舍，去除了心灵花园里自己不是很喜欢的品种，并对过度茂盛的花和树做适度的修剪，才总算让我的心灵花园又恢复优雅的、秩序的光彩。

春去秋来，花开花落。我的心灵花园多了一些空旷之地，虽然土壤依然肥沃，但我不想再开发它们。

我希望保留一些角落，让不知从何处飘来的奇异种子，能有在我的花园中生根、成长的机会。我甚至让一些空地再度长出野草，为的是让我心灵深处的黑蛇能有它的栖息之地。

一座完整而美好的花园，即使是伊甸园，除了苹果树外，也应该有一两条蛇。

如今，我的心灵花园就像我的生命，已进入了秋天。在春天盛开的花朵，很多都已经凋谢，但我并不追悔，因为从花朵中失去的，将从果实里获得补偿。而那些斑驳的秋叶，在我眼中也比春花更炫丽。

秋天是收获的季节，我乐意与他人分享我心灵花园里的果实。

牺牲之花

当你因为某些事而感到悲伤、痛苦,当它们已成为沉重的心理负担,让你对什么事都提不起劲时,那就是你出门到原野里寻找"牺牲之花"的时候。

在惠特曼的《草叶集》里,夹着一朵干枯的天人菊,细长的花梗、赭红色镶黄边的花朵,因长期蛰居于书页间,已变得扁平而黯淡。

虽然它已失去了昔日的光彩与芬芳,但是唤醒了我鲜活的记忆。那是几年前M到澎湖旅游回来后,送给我的小礼物。他说这种小花长在海边的山丘上,有强韧的生命力,李潼还以它为题材写了一篇小说,就叫作《再见天人菊》。

就在我将它夹进《草叶集》的书页后几个月,M却忽然自杀了。生命力看起来那么强韧的他，为什么会走上绝路？我错愕非常。因为难以理解，就更增加了我的哀伤，还有我对他的怀念。

这朵天人菊成了他跟我说"再见"的信物。在自杀前三天，他还打电话给我，有点严肃地询问我的近况，问我是否对自己的选择感到孤单，等等。我嬉皮笑脸地回答他，察觉不出丝毫异状。如果我当时能更细心体会，多给他一些关怀和支持，是否就能有所挽回？当然，这都成了难解之谜。

所以，除了哀伤和怀念，我还有自责与愧疚。一个挚友就这样走了，而我却完全无能为力。

今天，在重睹这朵天人菊时，与M的种种，还有当时的哀伤与愧疚，又一股脑儿地涌上心头。但它们已似那埋藏在书页里的，干燥而黯淡的花朵，在时间的缝隙里风化了，只剩下平静的纹理。

我忽然想起印第安人的"牺牲之花"。

当你因为某些事而感到悲伤、痛苦，当它们已成为沉重的心理负担，让你对什么事都提不起劲时，那就是你出门到原野里寻找"牺牲之花"的时候。

牺牲之花，并非特定的一种花，它可以是雏菊、蜀葵花或者蒲公英，但对你来说，它会是特别的，因为它将为你的哀伤和痛苦而牺牲。

在摘下这些花后，你将它们捧在手里，对它们倾诉自己那萦绕于胸的哀伤和痛苦，然后衷心祈祷。印第安人相信，上帝在听到祈祷后，会将自己的哀伤和痛苦转移到这些花上面。

然后，你将这些花捧回家，放在一个你天天可以看见而又隐秘的地方，但绝不能放在有水的花瓶里。

失根的花朵逐渐枯萎，而你则从哀伤与痛苦中逐渐复原，你怀着感激的心情看着那些枯萎的花朵，因为它们正承载了你心灵的重担。

经过几天或一两周，花朵已经完全枯萎。这时，你再捧着它们到原野里，将它们埋葬，仿佛就是在埋葬你的哀伤与痛苦。

你祈祷这个地方能再长出欣欣向荣的花朵，就像你会在往后的人生中重新展现欢颜。

眼前的这一朵天人菊，就是我的"牺牲之花"吗？它已经枯萎干燥，而我也已从对M的哀伤与愧疚中复原。

我是否该将它带到原野，将它埋葬，然后祈祷那个地方能再长出欣欣向荣的花朵，为世间增添颜色？

我轻抚天人菊那干燥的纹理，然后悄悄合上惠特曼的《草叶集》。

我不想埋葬它，因为我不想埋葬我对M的怀念。

也许我不会经常想起。但只要这朵天人菊还静静地躺在惠特曼《草叶集》的书页里，我就知道，在我心中某个隐秘的角落里，也静静躺着我对M的怀念。

关于上帝的一些消息

有人问："上帝住在哪里？"

有人回答："看你要让他住在哪里。"

一个英文网站的首页，张贴着红色粗体、非常醒目的一排字——

上帝说："尼采已死！"

我看了不禁莞尔。还记得学生时代，我们最喜欢传诵的一句话是——

尼采说："上帝已死！"

如今想来，尼采可能说了大话。尼采已经死了很久，但上帝似乎还好端端活着。当然，这里面有一个问题，那就是"上帝"指的到底是什么？尼采心目中的上帝、耶稣心目中的上帝、爱因斯坦心目中的上帝、你心目中的上帝，还有我心目中的上帝，显然都不太一样，甚至还判然不同。

即使是在我心目中，"上帝"也一直在改变他的本质、形象和住所。在四处传播"他的死讯"的学生时代，我认为上帝指的就是各种宗教里所说的，全知全能的造物主、天上的主宰，我当时勃发的理性让我根本无法相信世上有这样的存在。

后来有了些见识，觉得上帝并非"超凡入圣之人"这样的事物，他无限而不可思议，可能与我们人类无任何相似之处，就好像"宇宙大爆炸之前""宇宙之外"这些科学议题，他是何模样、是否存在，都超乎人类理性的理解范围。

有一天，在帕斯卡尔的《思想录》里，我看到他说："上帝不存在，这不可解；上帝存在，亦不可解。"

这位近代概率体系的建立者、人工智能的先驱奠基者，在无数的沉思后，他"赌"上帝存在。这不是因为在概率上，他觉得自己有较大的"胜算"，而且他的"心"告诉他，他应该相信，他愿意相信上帝存在。体验上帝的是心，不是理性。

告别理性后，我开始觉得上帝可能只是一个象征——"人类依他最好的形象创造了上帝"。上帝也许是人类心中更高、更好的本质或潜能的外射，他就在每个人的心中。当一个人在向上帝忏悔、祈祷时，其实就是在对自己心中的良知忏悔、祈祷。

而寻找上帝，其实也就是在寻找自我。就像诗人鲁米所说的："我为什么要寻找他呢？我不就是他吗？他的本质透过我而显现。我寻找的只是我自己！"

有了这种认识后，我总算比较能了解尼采为什么要说："要是有上帝的话，我怎么能忍受自己不成为一个上帝？"这不再是什么大话，被尼采宣判死刑的其实是那个被教会和世人庸俗化的上帝，而只要听从自己内心勇敢的召唤，每个人都可以成为上帝，那代表我们成为心目中最好的自己。

再后来，就好像四处去追寻自我，发现自我只存在于他所关注的人与事中一般，我慢慢发现上帝其实存在于宇宙间各种神奇、美好的事物里。在婴儿纯真的笑容、情人美丽的双眸、盛开的百合、幽静的森林、动人的歌声里，你都可以发现上帝，感觉到他的存在。

更后来，我觉得上帝无所不在，只要我怀着一颗慈悲、感恩的心，那么在一堆待洗的碗盘、一张超速的交通罚单、一个溃烂的伤口里，我也能发现上帝。

宇宙万事万物，无一不是上帝的分身，只要你的心灵接收器够敏锐，你每天都可以看到上帝在对你微笑，听到上帝在对你说话。

有人问："上帝住在哪里？"

有人回答："看你要让他住在哪里。"

以前，我不给他地方住。后来，我让他住在一个偏僻、阴暗的小房间里。再后来，我让他和我一起住在我的房子里。最后，我让他住在外面豪华的别墅里。现在，到处都是他的家，他爱住哪儿就住哪儿。

人类学家坎伯说："在选择你的神时，你选择了你自己看待宇宙的方式。上帝有很多个，选择你自己的。你崇拜的神，是你应得的神。"

我选择了自己的上帝，那是我应得的，也是他应得的。

祖母的白衫

比自己所恨的人活得更久，是一种至福；比自己所爱的人活得更久，则是一种折磨。我想，祖母的心情应该是两者兼而有之吧。

夜凉如水。在草虫的恋歌声中，J女士讲述了这样一个故事。

自从祖父死后，祖母似乎老得特别快。

几年前我回老家，在斑驳的衣柜前，看着佝偻着身躯的祖母，忽然之间觉得她已经变得很瘦、很老。

从衣柜的底层，祖母拿出一套白色的衣衫，样式虽然古老，但是光洁如新。她用手轻轻抹去衣上的岁月微尘，脸上露出老人罕见的矜持。当我正想趋前看个究竟时，祖母又将它收到衣柜里去了。

"我死的时候，要穿这套白衫。那是我六十年前，嫁给你祖父时，新婚之夜所穿的。只穿过一次……"祖母喃喃地说着。

我的脑海中忽然浮现出祖母穿着那套新娘白衫躺在棺木内的情景，荒谬得令人想哭。文化的巧思，魔咒般的仪式，像一个准备吸融女性温婉灵魂的黑洞，让我感到战栗。

当时我正准备和丈夫离婚。一个男人，由自己的最爱莫名其妙地变成了自己的最恨。我在婚姻的泥沼里浮沉数年，身心都弄得不干不净。但有一天，我忽然就想开了，不再爱也不再恨，越过分水岭，开始踏上离开那个男人的路途，心情变得轻松许多。

我本来不想这么早向祖母提起这件事的，怕她担心，也怕她劝阻。但自己还是忍不住就说了，想不到祖母只是轻轻叹了一口气，然后意味深长地向我展示了她六十年前的那套白衫。

祖母想及的是百年之后与祖父的重逢—在黄泉路旁的旅邸，红烛昏罗帐，她卸下自己人间的装扮，于祖父身前，露出内里的白衫。虽已鸡皮鹤发，但初心依旧，压在衣柜底层六十年的衰老创痕，业已化为宽容而无悔的爱。

但祖母之所以能这样，可能是因为祖父身为一个男人的意志较早便灰飞烟灭的关系吧。

祖父还在世时，曾饱受祖母的怨怼与苛责。年轻时的祖父迷恋外面的世界，弃结发之妻于不顾，老来迷途知返，儿女都早已站在祖母这边。我还记得，患有胃溃疡的祖父，经常坐在房里，一面喝祖母为他熬的补汤，一面低头接受祖母的数落。我有时候甚至认为，祖父是被祖母骂死的。

但现在，祖母的脸上居然流露出少女般的羞涩和憧憬。如果是祖母先于祖父而死，她还会如此恋旧、如此期待地想穿上那套白衫，到黄泉和夫君重逢吗？

比自己所恨的人活得更久，是一种至福；但比自己所爱的人活得更久，则是一种折磨。我想，祖母的心情应该是两者兼而有之吧？

"对那个人，我不再爱，也不再恨。他变成一个普通的、陌生的男人，看起来有点滑稽。"我看着满脸皱纹的祖母，诚恳地说着。

到我离婚时，祖母终究没有再说什么。

去年，祖母过世。几经考虑，最后我还是从衣柜里找出那套白衫，为她穿上。虽然那看起来已经很不合身。

当 J 女士说完她的故事时，作为听众的我和妻子都陷入了沉思之中。

四周出奇的宁静，原本聒噪的草虫也都为之噤声，仿佛暂时停止了相互的吸引，而开始思索和我此时萦绕于心的类似的问题。

停止的地方

"一幅画最美的部分是它的画框。"这不是在讽刺画家，而是提醒我们，一幅画能在它应该停止的地方停下来，才能让人觉得美，适可而止的美。

有一天，和一个同行谈起出版事业，他说他的老板给他的大方针是一年出版二十种新书，每年的业绩增长目标是百分之二十，如果达到了，每年就给他加薪百分之二十。这听起来很诱人，但近年来出版行业不景气，因此他的压力很大。

"你的出版社怎么样？每年业绩增长多少？"他好奇地探问。

"增长？"我有点失笑着回答，"我的出版社的业绩十几年来都没有什么增长。"

我就是老板，从来没有拟过什么业绩增长目标，最近一两年连一本新书都没有，因为作者就是我，作者没生产，哪有什么新书。

这听起来似乎有违常理。每项事业不是都应该以成长为目标吗？业绩停滞，甚至衰退，不是事业的致命伤吗？

其实，以前我也曾动过要让自己的出版社"做大做强"的念头，比如出版其他作者的书、向国外买翻译版权、雇用业务人员等，也大致拟定了一年出书量、业绩增长多少的计划。

但是，为什么要成长呢？

有一天，我在那将要成形的计划书上打了个大问号。为了能不断成长，我势必要在这方面投下更多的金钱、时间和精力，面对更复杂的竞争局面，处理更棘手的人事纠葛。但这是我真正想要的吗？如果不是，那我只是在为了成长而成长，在盲目地扩张而已。

为成长而成长，盲目地扩张，乃是癌细胞的意识形态。

很多人都说我们的社会病了，从某个角度来看，它就好像得了什么癌症，因为我们的精力只有那么些，却有那么多人要求自己不断地快速成长，盲目地扩张自己。

我不想当另一个癌细胞。

有人说："一幅画最美的部分是它的画框。"这不是在讽刺画家，而是提醒我们，一幅画能在它应该停止的地方停下来，才能让我们觉得美，适可而止的美。

即使是再有创意、再有活力的画家，也不会奢求他正在画的一幅画要不断生长、不断扩张。

人生和事业，就像一幅画，它们也需要一个画框，一个适可而止的界限，让人能够感受到有限之美。

我的出版社当然也有过成长，但十几年前成长到一定程度后，就不再成长了。你可以说它处于停滞状态，但我觉得这样的业绩对我来说已经"足够"。

生命有限，了解什么东西，到了什么地步，就应该已经足够了，这是持盈保泰之道。赚更多自己用不着的钱，结交更多自己并不真正喜欢的人，扩张更多自己并不需要的版图，都是心灵的癌细胞。

成长有两种，一种是看得见、可以量化的成长，比如身高、业绩、国民生产总值；另一种是看不见、难以量化的成长，比如心灵的成长、爱的成长。

凡是可以量化的东西，都有它的成长极限，不可能一再扩展。事实上，它们出现令人兴奋的成长速度的时刻，通常是它们处于"幼稚"阶段的时期。

不再成长，并非停滞，而是觉得在这方面已经够了，转而进入另一个叫作"成熟"的阶段。它的涉及面会更广阔、多样与深刻，难以量化，也无法详测，没有一个人会要求自己或他人每年增加百分之十的"成熟度"。

只有尚未成熟或不成熟的人，才渴望不断成长，并定下一个个诱人的成长目标。

潮骚之晨

眼前的大海似乎已经进入我这滴小水滴中，融入了我的灵魂里。我的灵魂，我的自我，一下子失去了疆界，飘荡到无何有之乡。

清晨，我漫步在无人的海边，脱下凉鞋，让脚底直接去感觉沙滩的柔软。

大海仿佛刚从沉睡中醒来，静静地躺在宇宙的眠床上。海浪在我脚前慵懒地来而复去，犹如大海的思绪，还在回味残存的梦境。一块高耸的岬岩突出于海上，像是奥古斯特·罗丹的"思想者"，从黑夜到黎明，依然坐在那里沉思着。

昨夜，我又独自来到海边的小屋，也没有什么特别的事，只是渴望能在早晨醒来时，一拉开窗帘，便能看到大海，然后在太阳升起前，到海边散步。

有人在海滩上用沙子筑了一座城堡。在海浪的冲刷下，如今只剩下断壁残垣。筑堡人也许是一对父子，也许是三个姐弟，但都已返回城市。倾颓的沙堡很快就会被抚平，终至完全消失，那完美的梦幻城堡将只存在于他们的记忆中。

我喜欢在黑夜与黎明交替的时刻，在陆地与海洋交会的地方踽踽独行。此时的我，就好像游走在意识与潜意识的边界，心中的思绪像海浪般来回起伏。我知道，如果我能穿越边界，穿越迷离之境，就能得到某种启示。

海滩呈弧形延伸，小石子和碎贝壳渐多，几只早起的海蟹在碎石堆里忙碌横行。

我捡起一个还算完整的不知名的贝壳，两眼望向大海，大海似已完全苏醒。那一望无际的深蓝，深沉而难以测量，像一种失传的神秘语言，让人忍不住停下脚步倾听、阅读。

小时候，一个亲戚送给我一个大海螺，他要我附在耳边，我听到一种奇怪的声音，亲戚说那是海浪的声音。

有好一阵子，我在屋内的壁橱旁，在长满金黄稻穗的田埂上，在嘈杂的人群中，将它附在耳边，都会听到同样的声音，像是一种亘古不变的奇异召唤。

直到有一天，父母带我到海边，我听到了真正的海浪声，它们在我耳边回响，是那样的熟悉，竟让我有种回家的感觉。

也许就是如此的机缘，使我每次到海边，看着湛蓝的大海，听着海浪的声音，总是有回家的感觉。

后来我慢慢感觉到，将海螺附在耳边听到的声音，不只是海浪的声音，它更像我体内奔流的血液的回音，那是生命之源的回响。

大海是生命之源，来到海边的我，就像一滴小水滴要滴入大海，回到母亲的怀抱中，因此总有一种解脱、安详、甜蜜的感觉。

但在这个清晨，看着眼前的大海，我又多了一种不同的感受，那是来自古印度诗人卡比尔的教诲。

卡比尔年轻时写过一首诗，大致是："我一直在寻找我自己，我的朋友。但是，我没有找到自己。相反地，我找到了'没有自己'。小水滴已经融入了大海，现在要去哪儿寻找呢？我已经不存在了。"

在临终前，又有了另一种体悟，而将"小水滴已经融入了大海"改成"大海已经进入了小水滴"。他说："原先我是体验到水滴的消失，后来却体验到大海消失在我身上。现在，我就是整体。"

在清晨的海边，我做了个深呼吸。是的，眼前的大海已经进入我这滴小水滴中，融入了我的灵魂里。我的灵魂，我的自我，似乎一下子失去了疆界，变得如大海般浩瀚而深沉，存在于宇宙之外的无何有之乡。

许久，我才又恢复我自己，痴痴地看着手中的小贝壳。我决定将它带回家，放在书柜上。

我持此石归，袖中有东海。

虽然我没有苏东坡的衣袖，看的也不是东海，但我知道，在这个小贝壳里，在我心中，存在着整个大海。

我已经很快乐

认为自己是个聪明人，也许表示你不过是个愚人；认为自己是个快乐的人，却是一种生命的智慧。

我坐在闹区广场边的椅子上，好奇地看着行色匆匆的路人，他们从四面而来，往八方而去，到底是为了什么呢？

我想，不管是为利、为名、为爱或为全社会的福祉，都是为了个人认为值得追求，能让自己感觉快乐、获得幸福的事。归根结底，每个人东奔西走、做这做那，都是为了让自己过快乐的生活。

但现在，在熙熙攘攘的人群中，我坐了下来，而且已经坐了半个多钟头。我暂时停止了对快乐生活的追求，为的是就地享受当下的快乐，并稍微思索一下快乐的含义。

今天早上，我到图书馆看书，中午到桃源街吃菜肉馄饨，饭后又回图书馆看书，四点钟到商场买了一支激光笔，然后就坐在这里休息。说起来乏善可陈，但我觉得颇为快乐，也许是因为我已慢慢体会出快乐的真谛了吧！

每个人都想要快乐。追求快乐并没有错，只是多数人可能找错了方向。

快乐并不是存在于某个地方、某个事物内的某种东西，而是我们内心的一种感觉。除非你有一颗快乐的心，否则没有任何人、任何事、任何地方能为你带来真正的快乐。

快乐，其实也是一种生活态度，当你选择快乐的生活态度后，你就能体验到较多的快乐。

快乐甚至是一种决心，一个人下决心要快乐，跟下决心要去爱一样，决心越强，就能有越多和越深刻的感受。

虽然人生的况味复杂，但我选择快乐、决心快乐，因为快乐不仅是我的权利，同时也是我的义务。除非我快乐，否则我的父母妻儿就不可能快乐。为了家人，甚至为了整个社会，我都有责任快乐。

就这样，我有越来越多的快乐经历，而且开始认为自己是一个快乐的人。

认为自己是个聪明人，也许表示你不过是个愚人；认为自己是个快乐的人，却是一种生命的智慧。因为快乐的最大障碍是希望有更多的快乐，如果你觉得自己已经很快乐了，那你自然就会更快乐。

今天到现在为止，我已经很快乐了；人生到今天为止，我也已经很快乐了。

再多的快乐，对我都是额外的恩赐，所以我快乐地坐在路边的椅子上，兴味盎然地看着来往的行人，在心里低问："你们……够快乐了吗？"

漫步在黄昏的烟尘中

小径上，我的双脚踩在落叶上的沙沙声，像是记忆的跫音，随着我的前行，而在心中浮现不同的风景。

折进巷弄后，车声和人声逐渐远去，我沿着一排公寓缓步而行。一条在树荫下打盹的狗因我的接近而醒来，微微抬起身，狐疑地打量了我一眼，便再度陷入睡梦中。

巷弄左方，以前的菜园已辟为停车场，停车场旁有一条小径蜿蜒地通往林木幽深之处。

在小径上，我的双脚踩在落叶上的沙沙声，像是记忆的跫音，随着我的前行，而在心中浮现不同的风景。

小径尽头，是一座墓园，那是某位将军的埋骨之所。当我拾级而上，穿过墓园前方阒无一人的草地时，心中浮现的是二十年前家人在这里野餐的情景。烤肉和萝卜排骨汤的香味，女儿随着飞盘奔跑的叫声，儿子在朽木堆里发现锹形虫的惊呼，都因为我的重临而浮现。

蝉鸣凄切，我在凉亭里坐了片刻，起身拍了一下好像被什么蚊虫叮咬的小腿，继续我的行程。

最近，我又开始在黄昏时刻外出散步。

学生时代，我曾读到过一则轶闻，说哲学家康德每天下午四时准时外出散步，而且路径固定，连速度也固定，以致当地人都以康德经过自家门口的时刻来校正他们的时钟。当时我只觉得这相当有趣，却一点也无法领会散步可能代表的深意。

十几年前，有一阵子我也经常去散步。因为当时还在上班，所以我是在吃完午饭后，才漫步于街头。唯恐走累了呆立在行道树下时，被误会成诗人，所以我就一直走，一连走过好几个车站的站点，走过很多条无名的小巷。

看似漫无目的的散步，其实有一个迫切的目的。就像我在一篇文章里提到的，因为当时我想重新认识我所处的这个城市，还有我自己。

"偶开天眼觑红尘，可怜身是眼中人"，漫步于闹区中，我惊讶地发现我的想法、我的行姿，甚至我的衣着，都跟这个城市严重脱节。然后，在喧闹街头的一个红绿灯下，我做了一个重大的决定——"自断经脉"。我停掉办了六年多的心灵杂志，重新"粉墨登场"，投靠主流媒体，给各家报纸杂志写文章。

结果，因为不停地写作，我不得不终止了当年在街头漫步的习惯。

当你的性灵有所渴求时，散步就可能成为一条出路。很多伟大的思想、重大的决定都是一个人在散步时酝酿出来的，想来大概是因为，让身体和感官处于活动状态的散步，也能让心灵和思想变得更为灵活。

但这次，我并没有什么重大的事情需要决定，也不期待能产生什么伟大的思想，只是希望在一日将尽时，终止无谓的沉思，离开斗室，走到户外，像天上的飞鸟、地上的走兽，在黄昏的烟尘中缓缓移动。

离开将军墓园后，我又走过了几条巷弄，遇到了一群放学路上嬉闹的学生，在一座有信徒祝祷的庙前驻足片刻，然后穿越了高速公路的涵洞。

沿途的风景缓慢更迭，我脑海里的思绪也随之起伏，时而想起一篇文章的片段，时而浮现一位逝去友人的身影，但更多的是我和家人曾经有过的，那洒落在沿路上的既往经历。

我心灵的风景，还有我的步伐、我的触目所见，终于有了一种奇妙的、和谐的节奏。而这，正是我现在所要的。

辑三

重返梦中之路

人的眼睛，

白的部分和黑的部分很分明，

但为什么只有黑的部分看得见？

抽屉里的小孩

这个抽屉里的小孩，就是我心中的小孩。在他的引领下，我很快就能找到回去的路，回到童年的国度。

昨天，我在书房里思考一件跟业务有关的事情，不明的前景与诸多的变数让我觉得有点心烦。我下意识地拉开书桌的抽屉，从熟悉的角落里取出一张发黄的照片，仔细端详。

照片中是一个穿着白色上衣、蓝色短裤，打着一条蓝色短领带，戴着类似海军帽子的小孩，有点腼腆又有点威风地站在秋天森林的布景前。

那是五岁的我。

很久以前，在翻阅家庭相簿时，母亲指着这张照片对我说，那是我五岁时，在开照相馆的舅舅家照的。

童年的记忆已有点模糊，我好奇而惊讶地看着那个曾经的我，好像和阔别多年的老友重逢般，我轻抚着照片中那童稚的脸颊，心中有着难以言说的温暖。

后来，我悄悄从相簿里取下这张照片，将它放在我书桌抽屉的一个隐秘角落里，经常拿出来端详，和"他"做心灵的交谈。

每个人的心中都有一个小孩，这个抽屉里的小孩，就是我心中的小孩。

只要静静地和他对晤，在他的引领下，我很快就能找到回去的路，回到童年的国度。

一幕幕快乐无忧的童年往事，就像一幅幅镶着金边的美丽图画浮现于我的脑海中，让我暂时忘却了成年世界里的烦恼与思虑。

如今，我又轻抚照片中小孩稚气的脸颊，向他低诉我目前的思虑，在心中喃喃自语："你觉得怎么样呢？"

恍惚之间，我们已渡过了时间之河，坐在从南投返回台中的台糖小火车上。他伏在窗边，望着窗外不住流转的绿野，然后转身对我微笑，清澈的眼眸里闪现着纯真的梦想。

"你觉得怎么样呢？"我摸摸他头上的帽子，再问一次。

他有点腼腆又有点威风地推开我的手，开始在车厢里奔跑……然后，我看到他忽然已跑到窗外的稻田里，就站在那里看着我，脸上若有所思，或者若有所失。

火车急速前行，我们已越离越远……他是否对我即将前往的地方、就要变成的模样不以为然，甚至感到失望呢？

时间就这样停顿了好一会儿。

最后，"谢谢你的提醒，我会再好好想一想的。"我对那个曾经是我的我说。

陀思妥耶夫斯基说："和孩子在一起可以治疗灵魂。"我经常和我抽屉里的小孩在一起，为的就是治疗我的灵魂。

前世恋人

我默默听着，心中有一种迷惘。因为在妻子的梦中，我忽然发现了一个我未曾拥有的过去，或者说，我们未曾拥有的过去。

深夜，山中下起雨来。

在留宿的禅寺中，我从熟睡的妻子身旁坐起，走到靠窗的桌边，打开台灯，发现书架上有一本《泰戈尔诗集》。于是在轰然的暴雨声中，我开始展书静静地翻读。

一天前，当妻子提议外出走走时，我无可无不可。能为沉闷的生活带来点生机也好，只是不想如死水般一成不变，于是这次我们玩了点新把戏，到荒山中的这座禅寺来结缘。

禅寺夜读，也是新奇的经历。

雨声渐弱。将窗户拉开一条缝，沁凉的山气默默涌入。我读到这样一首诗。

在梦中昏暗的小径里，我去寻找前生属于我的爱人。

她的家坐落在一条荒凉街道的尽头。

在黄昏的微风里，她宠爱的孔雀在栖枝上打盹，

而鸽子则静静地躲在角落里。

她在大门口放下她的灯，站到我的面前。

她抬起她的大眼睛瞧我的脸，默默地问："你好吗？我的朋友。"

我想要回答，可是我们的语言已经失落了，忘记了。

我想了又想，还是记不起我们的名字。

泪水在她的眼眶里闪亮。她向我伸出她的右手。我握住她的手，默然伫立。

我们的灯火在黄昏的微风中摇曳，熄灭了。

山雨已歇，只剩下檐前的点滴，点点滴滴落进我的心湖，激起阵阵涟漪。我望着那涟漪，看到了一个因日渐消逝而模糊的自己。

苏东坡被南贬时，途经岭南，夜宿南华寺，在灯下翻读《传灯录》。灯花坠落在卷上，烧掉一个"僧"字，他因而在窗间题了一首诗："山堂夜岑寂，灯下看传灯；不觉灯花落，茶毗一个僧。"

据说，苏东坡相信自己前世是个和尚，他看着被灯花焚毁的那个"僧"字，心中想必有所感触吧？

在这山寺中夜读泰戈尔，我想到的是身旁熟睡的妻子。

犹记多情，曾为系归舟。碧野朱桥当日事，人不见，水空流……

那是二十多年前，我目送如今成为妻子的女子乘车离去时的心情。

多久了？我已经不再读诗吟诗，也不再多情。回头静望熟睡中妻子的脸庞，我想起自己年少时的轻狂，竟有种恍如隔世之感。

眼前这个沉睡的女子，就是二十多年前沉睡在我心灵最幽深的城堡中，而被我唤醒的那个女子吗？

在依然年轻的夜晚，在不复存在的"圆桌武士"餐厅，在摇曳的烛影下，我像个为寻找圣杯而四处漂泊的梦幻骑士，在她眼前解辔下马，向她低诉我的追寻与冒险、我的巨人与风车，她的双瞳遂闪现耀人的光芒，并决定与我策马同行。

如今，她已再度沉睡，而我依然漂泊于大海与沙漠之间。我不忍唤醒她，我是否已经失落了消除时间魔咒的语言？

时间之箭啊！你为何匆匆如此？当我又打开我心灵最幽深的城堡时，发现里面竟已结满了蛛网，在蒙尘的魔镜前，我再也看不到自己昔日的身影。

泰戈尔的白胡子不觉在我眼前飘荡了起来。忽然一阵睡意袭来，于是我熄灭台灯，悄悄上床，将熟睡的妻子拥进怀中。

第二天一早，吃完斋饭，告别了山中禅寺的僧侣，我和妻子继续未完的行程。

在车上，妻子说她昨夜做了一个梦，梦见她又回到了乡下的那所小学。"而你居然成了我的小学同学，是从外地转来的，就坐在我旁边，什么也不说，只知道欺负我……"

我默默听着，心中有一种迷惘。因为在妻子的梦中，我忽然发现了一个我未曾拥有的过去，或者说，我们未曾拥有的过去。

中午，来到一座水库，无甚可观，倒是水库旁有一个鸟园，游人如织。我们随着杂沓的人群缓缓移动，然后，在密密麻麻的铁丝网里，我忽然看见——

美丽的孔雀在栖枝上打盹，而鸽子则静静地躲在角落里……

妻子默默伸出她的右手，一股莫名的悸动，使我也伸出手握住她的，默然伫立。

所有的爱情，所有的生命，都是对曾经拥有和未曾拥有的过去的一种回忆。

漂流在心河里的梦

在那炫丽如彩虹的青春岁月里，我们曾经一起携手涉过危疑之水，穿越苍茫之野，梦想去追求不可能被追求的知识，去承受无法被承受的悲欢。

两名曼妙女子突然莅临学生活动中心的社团办公室，这场让 T 君心慌意乱的趣事，经 S 君添油加醋的描述，引起哄堂大笑。

T 君举起酒杯，一脸无辜地说："来，喝酒！喝酒！"

在座的十来位都是大学时代的老友。今夜，因为老张自美返国，而使我们重新聚首。二三十年前，我们分属大学新闻、大学论坛、大学法言几个刊物性社团，喜欢舞文弄墨，也经常在学生活动中心走动。S 君的描述让我想起昔日的一些美好时光。

虽然我们来自不同的学院，现在从事的工作也大相径庭，但毕业至今，我们每年至少都会有两三次聚会。从嘈杂纷乱的路边摊吃到金碧辉煌的俱乐部，从唇红齿白吃到两鬓斑白，不变的是我们的情谊和所聊的话题。

很多话题是我们学生时代就开始不断谈论的，在反复谈论中，我们仿佛是在重温旧梦，一个口头禅、一个手势，都会让相关的往事浮现于眼前。

啊！在那炫丽如彩虹的青春岁月里，我们曾经闭门苦读、振笔疾书、东奔西走，一起携手涉过危疑之水，穿越苍茫之野，梦想去追求不可能被追求的知识，去承受无法被承受的悲欢，去热爱不可能被热爱的事物，去击退难以被击退的敌人，去伸张无法被伸张的正义。

就是这样的梦想将我们紧密联系在一起，一如当时我们喜欢的存在主义哲学家阿尔贝·加缪所说的："不要走在我前面，我不会追随；不要走在我后面，我不会领导；请走在我旁边，做我的朋友。"

我们是在黑暗与光明中同行的朋友，我们珍惜我们共同的梦想，并且仁慈对待彼此的"堕落"。

虽然现在大家已各奔前程，但每当我回到大学校园或与老友重新聚首时，我总会想起我们共同有过的许多记忆。以及我们那飘荡在王棕树下和杜鹃花丛里的梦，这使我心中感到无限温暖。如果没有这些朋友、这些梦和这些经历，那我的大学生活将只剩下平庸的俗气和苍白的颓废。

"你看起来一点也没变，只是胖了些。"在谈了一些时事问题后，老张忽然对 S 君说。然后他开始对我们这群多年未见的朋友品头论足起来："你头发白了，但眼神还是像以前一样锐利、邪恶。还有你，误闯商场的小羔羊，你的脸上依然是一脸无辜啊！"

其实，每一个人的外形都已有了不少变化，但在彼此的眼中，我们似乎又没有太大的变化。

朋友啊朋友，在我眼中，你们永不衰老，依然像我们初逢乍识、彼此端详凝视时那样清纯华美。

在迢迢的人生路上，我慢慢发现，这些朋友可能是和我有最多共识的人。所谓"共识"，并不只是有很多相同的见解而已，更表示我们其实是相类似的"意识体"。

在那灵魂渴求价值与意义、自我寻找认同与归属的青春年代里，这些与我在校园里相识相知的友人，就像一面心灵的明镜，无误地反映出我的心思，让我从他们身上看到自己灵魂的真实样貌。

在觥筹交错、高谈阔论中，今夜的聚会仿佛又让我们回到二三十年前，在业已消逝的"我们的咖啡屋"中的情景。

有歌声在我耳际回旋，它像一首老歌，一首内心无言的歌。在友人的欢唱声中，我找回了随着生命之河漂流而去的，我们的青春，我们的梦。

炼咖啡术

　　一如古代的炼金师，我以不同品牌的咖啡、糖的多寡、奶精的比例，调配出色泽深浅不一、芳香浓淡有别的咖啡，用以浸染自己的生命，想让它产生神秘的转化。

　　像一个拘谨的纵欲者，我每天都要喝三杯咖啡。虽然是难以割舍的口腹之欲，但其实更像是生命的一个华丽而感伤的隐喻。

　　我第一次听到咖啡，是从乡下搬到城市，小学二年级的一堂画图课上。

　　我想向隔壁同学借一支"牛粪色"的蜡笔，而被他皱眉指正："什么牛粪？这叫作咖啡色，真是土包子！"

　　在陌生而令人惶惑的都市，我羞赧地记住它怪异的发音，并悄悄将它和在乡下看惯的牛粪联想在一起。

第一次看到咖啡，是在一家餐厅里。

每次从繁华的市区走回城市边缘我那老旧的住宅时，我总是看到题着"楼上雅座，咖啡西餐"的大字，画有三缕轻烟的杯子以及刀叉的商店招牌。从路边抬头仰视，可以看到优雅的男女在喝着应该是那种叫咖啡的东西。

我神情漠然，觉得那个世界遥远得如同冥王星。

第一次喝咖啡，是在读大学时，在公园旁的一家餐厅里。

我审慎地随着"识途老马"加糖、加奶精、搅拌、啜饮。虽然有些心慌、有点笨拙，但是立刻爱上了它的香醇与浓郁。像是喝了迷魂汤，当天晚上，我躺在男生宿舍的床上辗转反侧，仿佛掉进了一个惑人的黑洞中。

然后，像默默地喜欢王棕树下长发飘逸的女孩，我默默地喜欢上了咖啡所代表的高雅和时尚。于是，我慢慢地认识了蓝山、摩卡、维也纳、曼特宁，就像我慢慢地认识了克果、卡夫卡、弗洛伊德、凡·高。

终于，我成了一个喜欢穿咖啡色衬衫的知识青年，在华灯初上时，流连于繁华的街市，和别人在明星咖啡馆喝着蓝山谈论索伦·克尔凯郭尔，在野人咖啡馆喝着摩卡讴歌卡夫卡，在天才咖啡馆喝着维也纳吹捧弗洛伊德，在十八世纪咖啡馆喝着曼特宁缅怀凡·高。

我的心灵窗口在不知不觉间做了更迭，原本标识着九张犁、五张犁、四张犁（皆为地名），让人想起牛和牛粪的童年心灵地图，已经悄悄让位给西门町、国宾饭店和六福客栈。打开新的心灵地图，我总是能看到亮丽的咖啡馆和我光彩的身影。

最后，我开始自己冲泡起咖啡来。在午后，在深夜，一边喝着咖啡一边写作，以轻佻的热情和烦琐的卖弄，论俄狄浦斯情结在中国的变调，谈《白蛇传》的分析心理学观，用我所习得的西方知识当工具，拆解那些我在童年和少年时代深深为之着迷的中国民间故事的纹理。

结果，咖啡一喝就是三十年。

而我心中的一个隐秘的渴望其实是：

一如古代的炼金术士，我一再以不同品牌的咖啡、糖的多寡、奶精的比例，调配出色泽深浅不一、芳香浓淡有别的咖啡，用以浸染自己的生命，企图让它产生神秘的转化。

我的生命似乎转化了不少，早已从一个懵懂无知的乡下少年，蜕变成习染西方品位的"知识中年"。但我也因"恋咖啡"而变成了"酗咖啡"，经常产生莫名的心悸，而且多了许多空洞而无眠的夜晚。

深夜难眠，我起而徘徊，我揽镜自照，我对镜猜疑，觉得自己好像失去了什么。

最近回到故乡，我忽地想起童年的自己，在黄昏的泥土路上，好奇地用一根树枝拨弄一坨牛粪的情景。记忆里的嗅觉因而复苏，牛粪其实不臭，甚至还有一股芬芳的青草味。但牛粪已杳，泥土路已杳，故乡已杳。

所谓故乡，也已产生神秘的转化，农舍翻成公寓，小溪变成马路，稻田转为店铺，来来往往的人衣着华丽，看似高雅，却让我感到陌生。

在一阵模糊的感伤中，我看到一家咖啡店。

纵欲者又拘谨了起来，于是选择走进去喝了我当天的第二杯咖啡。

这次我没加糖也没加奶精，让咖啡更接近"牛粪色"，因为我心中忽然渴望一点苦，一点土。

重返梦中之路

也许，我应该学习用梦境来解释现实生活。所谓现实生活，不过是因为无法实现梦境而产生的幻象。

一条石板路，一所深宅大院，门前一棵白杨树，树下的椅子上坐着一个织毛线的女人，旁边摆着一台吃角子老虎（一种游戏机）。

我提着笔记本电脑，走下逛胡同的三轮车，那个斜背一把长剑的黑人车夫对我说："你可以住三个月，但你必须先剃掉胡子才能进去。"

我觉得这只是个暗号，他是要我每写完一篇文章，才能玩一次吃角子老虎。

然后深宅大院里开始了红磨坊的歌舞表演。此时女主角在吐血，但我无心观赏。在轮盘赌的长桌边，我看到了叼着烟的陀思妥耶夫斯基。比以前瘦了许多的他看了我一眼，劝我不要干涉他已经计划许久的赌场金库抢劫案。我打开笔记本电脑，发现自己忘了带两盒光盘……

我躺在床上，不想睁开眼睛，也不想起身，试图以逐渐清醒的意识，去到我脑海深处的乱丛中，去搜寻这个梦的残迹，还有它尚未成形的部分。

以前有一段时间，我很喜欢解析自己的梦境。一个没有被解析的梦，就像一封没有被拆开的信。但所谓解析，大抵也是以真实的生活经验来诠释虚幻的梦境。

比如在我刚刚这个看似荒唐的梦境里，其中出现的人物、场景和情节片段，都可以从我的现实生活或过去经验里找到它们的蓝本、来源。然后，看看我在现实生活里有什么受挫的欲望、偏窄的想法，而梦就成了这些受挫欲望的替代性满足或偏窄想法的补偿。

基本上，绝大多数的释梦者都把梦当作现实生活的脚注、衍生物、附属品。

但为什么一定要用现实生活来解释梦呢？为什么要将梦视为不过是现实生活的苍白投影呢？心理学家荣格曾说：

那些向外看的，是在做梦；

那些往内看的，则是觉醒。

也许，我应该稍微调整一下自己那些习以为常的想法。外在的现实并没有想象中那样真实，而内在的梦境也没有自己以为的那样虚幻。内在的梦境可以是一种觉醒，一道投射在外在现实中的觉醒之光。

如果能完全忘却现实的话，那我刚刚那个梦境其实也是一种人生，甚至可能是我所梦想的人生之一。

啊，在梦中，我曾经走过千条道路，经历百种人生，但醒来后，我走的都是同一条道路，过的依然是原来的生活。因为我认为那不过是梦，荒谬而不能当真的梦。

也许，我应该学习用梦境来解释现实生活。所谓现实生活，不过是因为无法实现梦境而产生的幻象。一个觉醒的人应该把现实生活视为他梦境的脚注、衍生物、附属品。

我睁开眼睛，从床上起身，瞻前顾后地想了好一会儿，决定扫除各种障碍，两个月后开始旅行写作，因为这就是刚刚那个梦所向我显示的东西。

我要在现实生活里，找到重返梦中之路。

你的真实，我的真实

我安于我的真实，一点也不觉得它比别人更真实或更不真实。我静静地看着手上的书，不受别人真实的干扰，也不去干扰书中所描述的真实。

一个迷人的英国红发姑娘，嫁给一个无趣的农夫，住在荒僻的乡间，过着沉闷的生活。

有一天，一个身穿灰衣的高大男人出现在她眼前，她无法抗拒地随他而去。在一个神秘的地方，那个男人吸了她的血，并在她身上烙下女巫的印记，于是，她成了撒旦的门徒。

尔后，她经常瞒着丈夫，在深夜骑着家里的小马，去参加魔鬼的聚会。在聚会时，他们喝酒、吃肉、狂欢。魔鬼传授她变形、飞翔与破坏的魔法。在之后的十五年中，她秘密地干过无数邪恶的勾当，最后以自我牺牲的方式向法庭自首……

在图书馆，我静静地阅读这位十七世纪英国知名女巫伊莎贝尔·高迪的故事。怎么可能有那种事呢？但对伊莎贝尔和当时欧洲的很多人来说，这些被现代人认为很荒唐的事，却是再"真实"不过。

我想，最少那代表了一种"真实"。

要来图书馆之前，我看到有人在义愤填膺地呐喊，那是一种真实。而我在这里阅读一个女巫的故事，也是一种真实。

没有人能拥有或呈现全部的真实，你有你的真实，我有我的真实。

夏日午后的图书馆几乎座无虚席。但与其说大家是来这里吹冷气的，不如说是来享受书的凉气。就像威廉·卡洛斯·威廉姆斯的一首诗所说的那样。

书的凉气，

有时会在一个炎热的下午，

引领心灵来到图书馆。

因为在所有的书中都有一阵风，

一阵幽灵似的风，

在那儿回响着生命。

偌大的图书馆里，几乎每个人都沉浸在自己所阅读的书中，存在于各自的真实世界里。

每一个真实，都是生命的回响，有多少生命，就有多少真实。

我认识一个人，他说他从不读小说，也不信没有科学根据的怪力乱神的故事，因为"那些都是假的，都是幻想，都是在逃避现实"。

你怎么可以说一本小说是假的呢？幻想并非逃避现实，只是远离你所认为的真实。幻想是理解真实的另一种方式，或者说提供给了我们另一种真实。

就在这个时刻，有人在街头声嘶力竭地高呼口号，有人在凉亭里摇着扇子下棋，而我则坐在这里阅读女巫的故事。没错，你有你的真实，我有我的真实，但你的真实并没有比我的真实更真实。世间的很多纷扰都是来自有人认为他的真实就是全部的真实，唯一的真实。

我安于我的真实，一点也不觉得它比别人更真实或更不真实。我静静地看着手上的书，不受别人真实的干扰，也不去干扰书中所描述的真实。

书中有一张弗兰西斯柯-贺赛-德-哥雅所绘，女巫骑扫把飞翔的图。画得真是好。

我们每一个人所拥有的都只是部分的真实，相信与珍惜自己的真实，欣赏也尊重别人的真实，这样大家都可以过得平静与快乐一点。

当我从女巫的真实中站起身来时，发现有一个年轻人仿佛从梦中醒来一般，从他的书里抬起头，离开座位，朝窗边走去。他的步伐有些许经过压抑后的亢奋，眼神里则流露出自傲的光彩。

他对周遭的一切视若无睹，他活在另一个真实的世界里。静静地摊在他座位上的书，是托马斯·卡莱尔的《论历史上的英雄、英雄崇拜和英雄业绩》。

他穿越依然沉浸于书中的人，走到窗边，望着窗外一所学校的篮球场。一阵真实的风，在那儿，回响着他年轻而蓬勃的生命。

人生的负片

每种东西玩久了，自然能"玩物启智"，领悟一番道理。十多年来的疏于摄影，只看照片不看底片，已使我失去了某些观照能力。

也不知道自己是否曾喜欢过摄影，总之，近一二十年来，我已经很少再拿起照相机了。原因是自从妻子变得喜欢摄影后，"负责被照"就成了我在这个领域里所能从事的主要工作了。

家里的照片很多，刚开始时，我还特意去买精美的相簿来珍藏；后来，就把它们套在照相馆附赠的小相簿里；再后来，便只是用塑料袋将它们一袋袋装起来。这般聚沙成塔，照片已多得快没地方放了。

有一次清理橱柜，我看到三大袋冲洗过的底片，凌乱异常且颇占空间，顿觉十分碍眼，遂对妻子建议："这些底片都已经洗出照片了，我看就丢掉算了。"

"还是留着吧，"妻子说，"没有底片哪有照片？你不要老是想过河拆桥。有时候看看底片也是不错的。"妻子抽出一排底片，迎向窗外的阳光。我只觉那一个个黯淡的小框框里鬼影幢幢，难以辨识出什么。

"这是在北海道大沼照的，这是枫树，这是你。"妻子指着一张底片说。

我端详良久，总算看出一些端倪。就这样一张张看下去，慢慢有了领略，那颠倒的色彩仿佛为昔年的北海道之旅做了"互补"的纪录，唤醒了我如梦的记忆。不，应该说那是比梦更深沉的另一种存在。

每种东西玩久了，自然能"玩物启智"，领悟一番道理。看来，十多年的疏于摄影，只看照片（正片）不看底片（负片），已使我失去了某些观照能力。

日本大导演黑泽明曾经以"正片"来自我比拟，而以"负片"来形容他的哥哥丙午。因为他和哥哥长得一模一样，但黑泽明的性格开朗、阳光，而丙午性格阴郁。黑泽明后来成为亮丽耀眼的国际知名导演，而丙午却在二十七岁时自杀，结束了他黯淡而短暂的人生。

每个人都喜欢、想做黑泽明这样的"正片"，对丙午那样的"负片"避之唯恐不及。但黑泽明非常怀念、推崇他的哥哥，因为丙午是引导他踏进电影界的启蒙良师兼益友。直到快七十岁时，黑泽明还念念不忘地说："因为有了哥哥那样的'负片'，所以才产生了我这种'正片'。"

没有负片，哪有正片？没有黑暗，哪有光明？多数人想从黑泽明这个"正片"中获得启示，而黑泽明却是从哥哥丙午那个"负片"中获得启示的。

俗世的教诲总是劝人要从正面、光明面去看，要开朗、要快乐，这虽然讨喜，却常常流于肤浅。

看来只想保留"正片"是有点不上道了。

聪明的犹太人对好比照相机的眼睛曾有如下的疑问："人的眼睛，白的部分和黑的部分很分明，但为什么只有黑的部分看得见？"

他们得到的答案是："从黑暗面来看世界比较好。神认为若事事皆从光明面来看的话，人会太乐观，这是神的训诫。"

在看了好几排底片后，我若有所悟，遂又对妻子说："没错，负片比正片能带给人更深沉的回忆、更多的启示。"黑暗比光明拥有更多的信息。

想不到妻子"白"了我一眼（露出很多眼白）说："唉，你还是不懂摄影。负片与正片拥有的是'一样多'的信息呀！你怎么又高估了负片的价值了呢？"

妻子的眼睛真是黑白分明啊！我忽然懂了：五十岁的妻子跟三十岁的妻子，对我来说，原来也拥有一样多的信息。

一根蜡烛的坚持

"你以为你一个人拿着蜡烛站在这里，就能改变这个国家的政策吗？"

"喔，我这样做不是想改变这个国家，而是不想让这个国家改变我。"

一位友人初次来到我的家中，我陪他到诚品书店看书。他如入宝山，流连忘返，我也在书店里逗留了近两个小时。

说来奇怪，我自己也写书，也从事出版，但近十年来，却很少逛书店。今天真是难得，不过我大部分的时间都待在杂志区，一格一格地随手翻翻而已。

身为一个出版人兼作家，不是应该随时掌握书市动态，留意热门的议题、流行的编排、畅销书的排行、同行的动向，还有自己的书在整个市场里的情况吗?

其实,这些事在我刚从业时,我都做过。以前,每当看到自己的书被摆在书店的偏僻角落时,我总会觉得落寞、心痛,深感人世的无情。我也曾想"见贤思齐",而在很多书店做过很多观察。但那已是将近十五年前的旧事了。

现在,我照样写书,照样做出版,却对书市不闻不问,即使走进书店,也懒得去看自己的书摆在哪里。如果说这让我看起来有点像鸵鸟,我也是一只怡然自得的鸵鸟了。

越战期间,美国有一名叫穆司提的男子,每天晚上都点着一根蜡烛,站在白宫前面,表达他的反战立场,夜复一夜,风雨无阻。

在一个下雨的夜晚,他还是手里拿着一根点燃的蜡烛站在那里。一个记者忍不住过去问他:"穆司提先生,你真的以为你一个人在夜里拿着一根蜡烛站在这里,就能改变这个国家的政策吗?"

穆司提回答说:"喔,我这样做不是想改变这个国家,而是不想让这个国家改变我。"

年少气盛时,我觉得自己所写的东西掷地有声,能够改变一些人、一些事。但现在我写书,只是想说说自己内心的想法而已，我既不想改变什么人、什么事，但也不想让什么人、什么事改变我。

虽然我的手上没有拿着一根点燃的蜡烛，但那天在诚品书店里站了近两个小时，我所怀着的正是这样的心情。

有些事你可以追随潮流、与时俱变，或者借鉴他人、改弦更张；有些事你不妨老僧入定、我行我素，麋鹿兴于左而目不瞬。

事实上，能够有所坚持，听从自己生命的鼓声，走自己的路，做自己喜欢做、应该做的事，而不随他人的乐音起舞，不在乎他人的议论，让心灵在"抱元守一"中显得清晰而稳定，也是一件安心而幸福的事。

青春的秘密

我听到一个声音说：如果我有足够的智慧，让自己继续热情地愚蠢下去，那我就不算真的老了。

在同辈友人中，我的头发算是相当白的。白发，常被视为衰老的象征，有时候我也难免自己在心里纳闷："我真的老了吗？"在生理方面，我有些表现的确是已不如从前，但我想是否"真的"变老，恐怕还以心理方面居多。

普利斯特里对自己的年岁与白发日增，曾有过一个风趣的比喻：

"犹如一个生龙活虎的年轻人在街上散步，忽然遭人绑架，被送进一家剧院，给戴上灰白色的假发，画上皱纹，还有其他代表年老的东西，然后被推上舞台，面对观众，这就是我目前的状况。"他说，"但是，在苍老的外表下面，我和年轻时候的自己还是同一个人，有着同样的思想。"

普利斯特里的确是人老心不老，他在七十多岁时仍然创作不休，比多数年轻作家更充满活力。他的秘密方法就像他自己所说的那样，是在苍老的外表下，依然保持年轻的心、青春的思想。

其实多数上了年纪的人都知道这个秘密，但很难真正做到，因为有一种东西在阻碍他们表现出年轻的心和思想，那就是"老人的智慧"。

每个人都年轻过，也都知道青春代表了理想、热情、希望做出一切。但等到自己阅历多了、心理成熟了、年纪大了，就会慢慢觉得那些理想、热情和希望太过天真、不切实际，甚至有点愚蠢。"智慧"让他不再冲动、充满激情、天马行空，让他变得平淡、冷淡、冷漠，然后，他就真的老了。

我也曾经有过这样的"智慧"，在听到年轻人热情而激动地诉说他们的梦想时，虽然我不会当面说破，但内心难免莞尔。但后来我发现，我在听年轻人构想未来时，除了心生对其"愚蠢"的怜悯外，却也有些朦胧的失落和怅然。后来我才慢慢了解，那是因为我不只看到了他们的"愚蠢"，其实也是在羡慕他们的"愚蠢"，我为我不再那么"愚蠢"感到失落和怅然。

于是，我终于领悟法朗士为什么会说"我宁可取热情的愚蠢，也不要智慧的冷漠"。

要保持一颗年轻的心，就是要让自己的热情不减当年，继续做梦，不怕被人视为"愚蠢"。任何嘲弄、磋磨热情的说法，都不能算是真正的智慧。

"我真的老了吗？"当我看着自己的白发而自问时，我仿佛听到一个声音说：如果我有足够的智慧让自己继续热情地愚蠢下去，那我就不算真的老了。

流浪者之歌

我的人生就好比这溪水，在呜咽的中年里，同时存在着欢唱的少年。他既非同一人，亦非另一人。

从睡梦中醒来，我一下子不知置身何处。参天的巨树，潺潺的水声，将我的意识慢慢拉回现实，原来我在森林里睡着了。那从林中吹拂而过的风，还有溪流的声音，成了我的催眠曲。

我起身，循着水声来到溪边。

在午前进入这个森林游乐区时，我看了导览，知道这条溪叫作蚋仔溪，它还处于溪流的幼年时代。河床里的岩石棱角尖秃，还没有被磨平，也还没有被送到下游。河面的落差也很大，常常形成瀑布。

刚刚我就循着山道而上，去看了两个瀑布。也许是走得有点累，我躺在一棵树下，不知不觉竟睡着了。

蚋仔溪不大，但水声颇大，就像一个幼童在引吭高歌。水声何以如此悠扬悦耳？

啊！那是因为河床里有棱角尖锐的岩石，想要阻挠它的前行，而不识愁滋味、一心想奔流而去的幼年溪流，热情地回旋起舞，将它化为欢唱。

也许，当我凝视那溪流时，我的心思，我整个人，似已随着那湍急的溪水奔流，穿越森林、原野而去。河面渐宽，河床渐深，底下的石头慢慢被磨得平滑，原先的欢唱逐渐化为呢喃，终至无声。河中也多了些污染，河水只能静静地、迟缓地流着。啊！你是否见的世面越多，就越失去昔日的清澈和热情？幼年的欢唱终将化为中年的呜咽吗？

也许，生命就好像这流水，匆匆奔流而去，永不回头。但我脚前的少年溪流，依然在快乐地欢唱着，无视它未来的命运，不停地快乐欢唱……

我忽然想起了悉达多。在大学时代，我因读了赫尔曼·黑塞的《流浪者之歌》，而深深喜爱着的那个悉达多。

为了追求真我而四处流浪，在各种生活中打滚过的悉达多，在年迈时，身心俱疲地来到他当初出发时渡过的那条河边。

河水依然像昔日那样美丽，看似平静而又不停流着，发出各种若有似无的曼妙声音，好像在向他倾诉："靠在我的身旁，向我学习吧！"于是，他和摆渡人住在河边的茅屋，每天清晨、中午、黄昏和深夜，都潜心倾听那条河流。

是的，我想起来了。在经年累月的倾听后，悉达多了解到，在同一个时间里，那条河流是无所不在的，在它的发源地，在入海口，在森林里，在平原上，在城市中，在瀑布下，在渡船头，在回流里，在急湍中……它流变不居，但又同时存在于每一个流经的地方，没有过去的阴影，也没有未来的阴影。

悉达多看着河水，回顾自己的一生，觉得自己的一生也像一条河。童年的悉达多，成年的悉达多，老年的悉达多，只是被各种阴影所隔离开来，没有过去，没有未来，没有以前，没有以后，他无所在而又无所不在。

悉达多因而得到了解脱，内心宁静，自在欢喜。

在潺潺的水声中，凝视着眼前的溪流，我似乎也有了一点这样的感觉。

在同一时间里，这条溪流有它中年的呜咽，亦有它少年的欢唱，那是真正的"流浪者之歌"。它不停地流动着，无所在而又无所不在，既非同一水，亦非另一水。

我的人生就好比这溪水，在呜咽的中年里，同时存在着欢唱的少年。他既非同一人，亦非另一人。

都是灵魂的孩子

像一个母亲接纳她所有的孩子般，我接纳我所创造的每个我。我不想改变他们，只想更加了解他们。

"听说你现在过着简单、平静的生活，但听说你大学时代很放纵，生活非常混乱、荒唐而颓废。"一个来访的大学生提出这样的问题，"现在的你，如何看待年轻时代的你？"

"我觉得那个时候的我很不错，自成一格。"我笑着回答说，"事实上，到现在我还很喜欢那个我，他并没有从我的世界里消失，只是暂时退场休息而已。"

也许有人会希望我说，我那时候的荒唐与颓废是因为少不更事，但后来我已幡然悔悟，改过迁善云云。但这完全违背了我对自己的看法。

一个人如果够敏锐、够诚实的话，就会发现他自己其实有很多个"我"，就像一个肉身包含了好几个灵魂。

　　以前有一个念哲学的朋友，很喜欢逻辑思考和自我分析，他曾经向我们分享他的恋爱经验："有一个我喜欢Ａ女孩，但另一个我喜欢Ｂ女孩，两个我发生了龃龉。后来，又有另一个我想要脚踏两条船，最后，第四个我出来说服前三个我，放弃Ｂ女孩，全心全意去爱Ａ女孩。"

　　这听起来好像在上什么逻辑课，但我觉得这不失为认识自己和对待自己的好方法。前面那个放纵颓废的我，只是我的一个我，当然，它是属于较阴暗的一面。但他的离去，并不是因为我压抑他、消灭他，而是另一个我出来说服他，请他隐退。

　　如果我在面对这些阴暗的我时，会彷徨无措、胆战心惊，而想回避、隐藏、否认、压抑，甚至消灭他们的话，那无异于在否定自己的过去，贬损自己曾经有过的青春年华。

　　而真正的回避和否认，是我怯于直面自己的人生，不敢认识我自己，甘心成为自己的陌生人。

　　没错，我有很多个我，有的像天使，有的像魔鬼，但都来自我的孕育和创造。我因疏于教导他们，而使他们随兴发展，各有风格，在我人生的不同时段登台演出，并不时发生争吵，让我的心经常沦为天使与魔鬼的战场。

曾经，我嫌恶过其中的几个我，对他们的作为产生悔恨，认为若没有他们的出现，我的人生可能会更好……但真的是这样吗？

后来，我还是像一个母亲接纳她所有的孩子般，接纳我所创造的每个我。我不想改变他们，只想更加了解他们。我会在回忆中与他们重逢，好好倾听他们的愿望与悲欢、坚持与彷徨，那是我心事中的心事。

在倾听中，我发现那些天使般的我，并没有外人想象的那样好，而那些魔鬼般的我，也没有自己原先认为的那样坏，他们只是有着不同的信仰和追求而已。

只有在认识自己曾经有过的每个我后，我才能说我认识了我自己。只有在接纳自己曾经有过的每个人生片段后，我才能说我接纳了我自己。

一路走来，我的灵魂塑造了无数个我，如今，我深深爱着每个我，因为他们都是我的灵魂的孩子。

在凡·高的麦田中

只是渴望单纯是没有用的，我必须先让自己的生命主题强烈起来。当它变得足够强烈时，单纯才能成为表现它的唯一方式。

在为一场演讲准备投影资料时，我找出凡·高的画册，将他的《向日葵》《麦田上的鸦群》《有丝杉和星星的小路》《星月夜》《自画像》等名作，扫描后存到文件夹中。

这次演讲的主题是"人文与医学"，找凡·高的这些作品，主要是想谈部分医学界人士对它们的特殊看法。有不少医生认为，这些画作里出现的强烈黄色调和波动的光晕，表示凡·高的视觉可能出了毛病，也许是洋地黄中毒症（当时的医生用洋地黄来治疗癫痫和躁郁症），也许是青光眼。

之所以以凡·高为例，除了因为我很喜欢凡·高外，更因为我想批驳上述医学界的看法。那些医生之所以会做出这样的推论，主要是因为他们以为画家"只是在画他们眼睛所看到的东西"。这完全误解了艺术，也是对一个伟大艺术家的莫大的污蔑。

我相信，即使凡·高的视觉出了问题，但他在画作里要呈现的是他"心灵所看到的东西"，而非"眼睛所看到的东西"。

伟大的艺术家是提供给我们"不同眼界"的人，那些医生的眼界未免太低了。

扫描完毕，我再仔细端详《向日葵》《麦田上的鸦群》《自画像》等几张以黄色调为主的作品，黄色的向日葵花、黄色的花瓶、黄色的桌面、黄色的麦子、黄色的田埂、黄色的地、黄色的脸、黄色的衣服……差别只在于亮度和层次。到处是黄色，单纯而强烈的黄色，但它们竟然是如此的震撼人心，还有一股说不出的魅惑的力量。

凡·高通过这样的画风，到底是想要向世人表达些什么呢？

我忽然想起一句话："当主题非常强烈时，单纯是对待它的唯一方式。"于是我豁然开朗，没错！单纯的颜色是为了表达凡·高心中强烈的感受。他的画作主题强烈而鲜明，根本不需要其他复杂的颜色来陪衬、来搅局。

接着，我好像又获得什么启示一般，突然意识到这其实也是凡·高的生命风格。

从世俗的角度来看，凡·高的一生可以说是非常单调，甚至是乏味的。他没有什么谋生能力，没有家庭，也没有什么朋友，生活没有娱乐来调剂，只是一味地画画，却连一幅画也卖不出去。但我想，凡·高是快乐的，因为他热爱绘画，绘画是他强烈而唯一的生命主题。这个主题是如此的强烈，以致在别人认为是不可或缺的其他东西，对他来说都成了可有可无，甚至多余之物。

他的人生就像他的画，那是单纯，而不是单调。

强烈的生命主题，使他的生活变得单纯；而单纯的生活，又使他的生命主题变得更加强烈。

我也终于明白，自己当年为什么会那么喜欢凡·高了。那时我刚踏入社会不久，有一晚躺在床上看《凡·高传》，竟不能自已地看到天亮，然后昏昏沉沉地走到阳台上。太阳已经升起，但我实在不想去上班，因为我听到有一个强烈的声音在呼唤我，要我单纯地为它而活。

现在，那种心情忽然又变得强烈起来。我呆呆地看着电脑屏幕，又有点不想去赴这场演讲了，因为它跟我的生命主题无关。

我总是在觉得生活有点单调，想丰富一下人生、热络一些人际关系时，而答应这个从事那个，然后又觉得太过复杂，而渴望能生活得单纯一点。

也许，只是渴望单纯是没有用的，我必须先让自己的生命主题强烈起来。当它变得足够强烈时，单纯才能成为表现它的唯一方式。

让你更像你自己

独特的工作，唯一的人生，无人能和你竞争，你也无从和别人比较。你要做的只是倾听自我，发现和实现你更多的内在本质，让你"更像你自己"。

一本精致的诗集，是一个医生朋友送的。近百首的新诗，是他十年来的心血结晶。印量三百本，自费出版，只送给亲朋好友。

他并不是什么知名的诗人，而是一位有名的外科医生。外科医生写诗，是为了自娱，纾解工作压力，或者附庸风雅？他可不这样认为。

有一次我和他聊天时，发现他把自己写的诗看得比自己发表的医学论文还重要，也更有价值。他的说法是：作为一个外科医生，他其实是可有可无的，因为世界上少了他这个外科医生，还会有其他外科医生用同样的手术方法、开出同样的药方去治疗那些病人。但如果他没有写这些诗，世界上就不会出现这些诗，也没有人会写出跟他一模一样的诗。

他的意思我了解。外科医生这个角色是可以被他人取代的，除非自己独创出什么特殊的治疗方法，否则你会的别的外科医生也会，你做的别的外科医生也能做。但诗人就不一样了，即使你写的诗再烂，那也是独一无二的，是来自自己的创造。

在窗前翻阅这本诗集，我逐渐被他敏锐而奇异的心思所吸引，仿佛看到一个独特的灵魂在那里低声吟哦。他在唱自己的歌，自谱自弹自唱的生命之歌。

年轻时候我们都喜欢问"我是谁"这个问题，并决定成为"我自己"。但到底什么是"我自己"呢？又要如何成为"我自己"呢？我也曾经阅读了许多古圣今贤的著作，希望从中得到一些灵感和启示，确实也得到了不少启发。直到有一天，我读到了下面这个故事。

朱西亚是一个伟大的犹太教拉比（牧师），他临死前对门徒们说："我怕在我抵达天堂时，他们会问我一个问题。"

"他们会问您什么呢？"门徒们都急切地想要知道。

"我不怕他们问我：'朱西亚，为什么你不像摩西呢？'"朱西亚说，"我怕的是他们问我：'为什么你没有更像朱西亚呢？'"

摩西这位伟大的先知与英雄，是很多犹太人模仿与效法的对象，朱西亚不怕上帝问他为什么不像摩西，因为他是他，摩西是摩西，他要做的只是朱西亚。那"朱西亚"是什么样的呢？这有待他去创造、去发挥。但没有一个人能够充分发挥他的潜能，他的独特性总是比可能的要少一些，而这正是他害怕上帝问他的问题。

朱西亚的故事终结了我对"见贤思齐"的渴盼。别人再好，那也是别人，追随别人的脚步前进，不会留下足迹，我要成为"我自己"，就要倾听自己内在的声音，走自己的路。

相信造物主既然赋予我们独一无二的形体，就是期待我们去完成独一无二的工作，这些工作只有你能做，如果你不做，它们就永远不会出现在这个世界上，它们是无法取代的、不能被复制的。而这个，就是我的路，我的自我实现。

也许就是出于这样的认知，我放弃了医学，走上了写作之路。这不仅是我想要的，而且也让我摆脱了我不想要的——

不必和别人从事无谓的竞争。

这个世界上如果没有爱迪生，还是会有人发明电灯；如果没有沃森和克里克，还是会有人发现 DNA 双螺旋体结构。因为当时世界各地有很多人在从事同样的工作，而爱迪生、沃森和克里克之所以能够脱颖而出，只是比别人抢先一步而已。

所有可能被取代、可以被复制的工作，都充满了竞争。但像我现在在写这篇文章，有谁会"抢先一步"写出跟我一样的内容呢？我不写，世界上就不会有这篇文章，它是独一无二的。既然是唯一的，那我就不必烦恼有什么竞争的对手，我可以轻轻松松地写、优哉游哉地写。

这就是我要的——独特的工作，唯一的人生，无人能和我竞争，我也无从和别人比较。我要做的只是倾听自我，发现和实现我更多的内在本质，让我"更像我自己"。

在看完了医生朋友的诗集后，我想他是幸福的。他不是第一，却是唯一，而这正是他的幸福与价值所在。

辑四

那在某处等待你的

如果我没有既定的目标，
没有什么目的地，
那么不管我走到哪里，
都不能算迷路。

我们的车站

在斑驳的铁轨转辙器前，我倏忽看到了"过去的我"和"未来的他"于此的无尽纠缠，而在他的底片上留下了一个永恒的微笑。

月台上很多人在移动，有的在吃东西，有的在照相，当这里永远不会有火车再进站的时候，旅人始蜂拥而至。

这里是旧山线的胜兴火车站，已成为一个新的观光景点，连铁轨外头崎岖的草莓园里都人头攒动。一个行将被遗弃的车站，竟忽然像庙会般热闹起来。

一些上了年纪的游客，在月台上环顾眺望，诉说在此擦身而过的既往；一个干瘦的老人兀自站在火车站旁木造二楼的窗口，如苍鹰般四顾，脸上有着肃穆的怀旧之情。

我朝隧道的方向走去，远方黑暗尽头的一圈亮光，像催眠师惑人的瞳孔，让我一下子坠入了久远的过去。

一列冒着黑烟的火车从隧道中驶出，缓缓停靠在月台边上。凌晨五点左右，苏醒的阳光穿越群山，逼袭着月台上昏黄的灯光。

一个少年伏在火车车厢的窗边，满心愉悦而好奇地看着"胜兴"的站牌和标高多少的字样，那是小学五年级的我。我的身旁坐着父亲和弟弟妹妹，我们从台中搭乘凌晨四点多的慢车，准备在竹南下车，到狮头山游玩。

人声模糊。我仿佛又闻嗅到，那个清晨我在这里所留下的脸颊与颈项间的孩童气息，还有煤烟味。在急促的火车汽笛声和隆隆声中，无数的隧道与明暗光影在我眼前流转。

大学时代返乡的我，总是在深夜随着火车来到这个寂静的山中小站。有时因为会车的关系而在此稍做停留，我会下车，点上一根烟，行于被浓雾笼罩的月台，等候那列北上的列车，就像等候人生的许诺。这个车站，好像是一个心灵的转折点，因为过了隧道，泰安、后里、丰原、潭子，每一个车站都将被熟悉的中学同学的脸孔和自己的青春足迹所取代。当火车驶进黑暗的隧道中时，夜归的游子就悄悄隐去在他乡的沉沦，而重新浮现那昔日无忧的光彩。

曾几何时，隆隆的车声和我惶乱的青春，就这样消逝在黝黑的隧道中……

儿子要我站在铁轨分叉处留影。看他专注的模样，我才想起很少坐火车的他，好像是第一次来到这个车站。无旧可怀，无忆可记，胜兴车站对他所代表的意义，也许要在二十年后才会显现。

现在，在斑驳的铁轨转辙器前，我倏忽看到了"过去的我"和"未来的他"于此的无尽纠缠，而在他的底片上留下了一个永恒的微笑。就如同四十年前，我在停靠于此的火车的车窗边，看到一夜无眠的父亲，强打着精神，对我露出微笑一般。

在记忆的折叠与拆开之间，我领悟了车站对家族旅行的另一种意义。

下午两点，在站旁的铁路餐厅，吃完客家风味的午餐，我们一家四口手上各拿着一张普通列车纪念车票，从背面印着的出行注意字样上移开目光，望向窗外，又有一批新的观光客涌上月台。

虽然素不相识，但他们的模样在我看来竟格外可爱，因为，源于对这个午后的共同记忆，我们终于成了"我们"。

第四个房间

这种模糊而又深沉的生命不完整感外射出来，很容易就会具象化为对自己的住所能拥有第四个房间的渴望。

友人林君的新家位于郊区山上的一个小区里。

刚到访不久，他就带我去参观里面的一个房间，是日式和室的模样，但也许是他的书房，或者兼做客房。

"我终于有了一个属于自己的房间。"

林君歪躺在柚木地板上，惬意地说。想来搬至此地后，他就经常这样歪躺着，看看书，听听音乐，眺望窗外的风景。窗外蓝天白云，青山绿树，不见半丝人为的东西，予人出尘之感。

这是他新家的第四个房间。其实，林君从市区搬到郊区，就是为了这个房间。对多数都市人来说，所谓理想的房子，经常意味着能拥有第四个房间，它几乎已成为一种集体的渴望。

但这不只是希望能有更宽敞的空间而已。在渴望而拥有了第四个房间多年以后，我才慢慢体会出这种集体渴望背后的象征意义。

印度有一位先哲说，每一个人，都像一栋拥有四个房间的房子，在这四个房间里，分别住着身体、心智、情感和灵魂。除非我们每天都能到每个房间去走走，即便只是打开窗户，让房间透透气也好，否则便算不得生活得完整。

现代人生活的一大矛盾是把时间填得满满的，却总是觉得不满，忙碌而又空虚。究其原因，大概是因为我们成天流连于身体、心智、情感之间，而很少到"自己的第四个房间"走动，和自己的灵魂寒暄吧！

这种模糊而又深沉的生命不完整感外射出来，很容易就会具象化为对自己的住所能拥有第四个房间的渴望。但如果你无法真正体会自己渴望的其实是多一点灵性，每天过些性灵（指自己的内心世界）的生活，那即使你住在三百平方米的房子里，拥有五十多平方米的第四个房间，你还是会觉得不满，感到空虚。

那没有第四个房间怎么办？其实，我觉得重点不在于你拥有几个房间，而在于你怎么安排房间。比如前文那个故事中，先哲把灵魂安排在第四个房间（这也是很多人的做法），但你为什么不让灵魂住在第一个房间里呢？为什么第一个房间里非得住肉体不可呢？

如果你能将灵魂和肉体所住的房间对调，且经常在第一个房间里活动，那你就会产生不一样的想法："我不是拥有灵魂的肉体，而是拥有肉体的灵魂。我不是一个人在从事性灵之旅，而是一个性灵在从事人类之旅。"这种观点会让你的生命产生一些奇妙的转变。

这也是我在拥有自己的第四个房间，并在其中流连很长一段时间后，所产生的感想。

如今，我站在林君新家的第四个房间里，觉得有种模糊的熟悉感。

他的第四个房间其实不大，看起来也很朴素，但他说，他现在在这个属于自己的房间里，天天看着天空用云彩所写的诗句，倾听自己用心灵所谱的新歌……是吗？我望着他的灵魂之窗，心想他果然已开始进入他真正的第四个房间了。

但这只是个开始。

让灵魂住到第一个房间里吧！让这第四个房间成为你的第一个房间吧！我听到这样的悄悄话，那是我心中的话。不过林君的这个房间还很新，他还需要在这个房间里打滚一段时间，才能听到那样的话。

开启未知密室之钥

　　那最初的闪电，照亮的是我精神的殿宇；那隆隆的雷声，传递的是我心灵的回响；那神秘的钥匙，开启的是我心中未知的密室。

　　小窗下，一本旧书。那是尼采的《查拉图斯特拉如是说》。

　　素朴的封面、泛黄的书页、熟悉的句子，就好像贮存了遥远春日的芬芳，随着我的翻动，而在空气中轻轻飘荡着。

　　第一次阅读这本书，是我上大学后的第一个寒假。它像一道闪电划过荒野般，照亮我渴望耕耘与丰收的心田。它那炽热的光芒穿透我的内心，让我忍不住战栗。

　　所有的阅读，都是一种倾听。在闪电之后，我听到远方传来的隆隆雷声，像是声声的呼唤，在呼唤着我。

我随着那声音前行，进入一个瑰丽迷离之境，目睹了许多奇异的知识与高贵的灵魂。我流连其中，我年轻而饥渴的生命澎湃不已。

这就是《查拉图斯特拉如是说》。它像一把神秘的钥匙，为我开启了通往更高精神境界的那扇门，尼采也因而成为我年轻时代的精神导师之一。

后来，每隔一段时间，或是在深夜的孤灯下、清晨的薄雾中，或是在异国的旅邸、陌生的驿站，当我的心灵渴望获得滋润时，我都会重新阅读这本书。

每一次阅读，我都有一些新的感受、新的发现。总是会看到一些以前没有感知到、无法理解的新的事物。

书没有变，查拉图斯特拉没有变，尼采也没有变，改变的是我。在每一次阅读中，我新发现的，其实是不断在改变、更新和成长的自己。

我终于慢慢了解，所有的阅读，都是在倾听自己，也是在发现自己。那最初的闪电，照亮的是我精神的殿宇；那隆隆的雷声，传递的是我心灵的回响；那神秘的钥匙，开启的是我心中未知的密室。

在这么多年来的不断重复阅读中，与其说是我在《查拉图斯特拉如是说》中发现尼采的特质，倾听到尼采的渴盼，不如说是我在尼采的心中发现了自己的特质，倾听到自己的渴盼。

这些特质和渴盼，虽然本就存在于我的内心之中，但是如果没有尼采、没有这本书，我可能永远不知道自己有这样的特质和渴盼。

每一本你喜欢的书、每一个你心仪的作家、每一位你景仰的精神导师，都是引导你踏进你心灵的门槛、让你认识你自己的人。

在阅读的光影中，我们阅读的是自己生命的光影。

那在某处等待你的

有时候，只有在你愿意放弃计划好的人生后，你才能发现并拥有在某处等待你的，另一种可能更好的人生。

周日午后，坐在温泉旅馆的露天咖啡座上，望着眼前峥嵘的虎山，听着脚下潺潺的流水，喝着桌旁香醇的咖啡，风清日丽，樱红梅白，我和妻子再次陶醉在这场意外的欣喜中。

山道的岔路上，有一个小村落，村落里有一条古色的石板道。石板道尽头，一个姑娘正在锅炉中油炸号称"天下第二臭"的黑皮臭豆腐。一个小时前，我们在那里有了今天首次的意外欣喜。

说是意外，因为这完全在我们预定的行程之外。

在从南投返回台北时，我们原本计划好要到新埔去参观九苫林示范农村，但因为前方道路堵车，所以在清水村附近看到一处新的路标时，一念之间，车回路转，我们就踏上了这场意外的旅程。

但要去哪里呢？我们已放弃了既定的目标，也不想再有明确的目的地，那就凭沿途路标的指引，去发现可能有趣的地方吧！

结果，我们从石冈经卓兰，转进台三号，过大湖后，再转进一条县道，就到了前面所说的清安豆腐街和泰安温泉风景区。

虽然不是预期中的那种欣喜，但这似乎更加令人心情雀跃。那是我们放弃计划中的欣喜后，所得到的另一种快乐。

人生之旅不也正像这样吗？有人一再告诉我们，人生一定要有一个期盼，有一个明确的目标，还要有种种计划，然后我们就可以按图索骥。但聪明的人哪，有时候，只有在你愿意放弃计划好的人生后，你才能发现并拥有在某处等待你的，另一种可能更好的人生。

这样的声音在我内心变得越来越清晰，所以我的人生也不再像以前那样有个清晰的蓝图，而越来越缺乏明确的目标，没有什么计划。

如果你问我三年后我会在哪里、做什么，我只能说："我不知道。"

"那你这样岂不成了迷途羔羊？"

"如果我没有既定的目标，没有什么目的地，那么不管我走到哪里，都不能算迷路。"

没错，人生是不断追寻与发现的过程，但如今我已经不再刻意去追寻什么，而只想随兴发现些什么。

我只知道，在很多地方有很多东西在默默等待着我，我却无从得知，它们是什么，可能在什么时候、从什么地方出现在我眼前。我只能没有计划地、随兴地四处走走，打开心灵的所有门窗，随时准备发现新的惊喜。

风清日丽，樱红梅白。我们望着峥嵘的虎山，听着潺潺的流水，喝着香醇的咖啡。

翻空白鸟时时见，照水红芳细细香。

我和妻子就这样在一个寻常的午后，在这个默默等待我们的地方，度过了一段不寻常的时光。

午间的冥思

我回眸一瞥，看到午后的阳光投射在巨大的灵骨塔塔顶上，闪烁着异样的光芒，像是死亡在探照我们无知的心灵。

航元师父拿出钥匙，打开第二排第三个白铁皮小门，伸手向前，往外一托，一个骨灰坛就出现在我们眼前，上面还贴着照片。那是我英年早逝的妻舅。

在场的人都肃穆地双掌合十，在内心默祷。

返乡探亲的妻舅，在回程途中，所搭乘的班机在澎湖上空爆炸解体。噩耗传来，亲人惊骇悲痛莫名，一个多月后才在寂静冷冽的海床上发现了他的遗体。办完丧事，他的骨灰就被安置在这个离故乡不远的墓园里的灵骨塔中。

无限的哀思不时引领我们来到这里，每次看到那贴在骨灰坛上的照片，他仿佛音容宛在，让人很难相信他真的就这样走了。

祭祷完毕，我们走出灵骨塔，居高临下，俯望在眼前绵延而去的山峦、田野、海岸、海洋，还有点缀其间的渺小房舍与人影，我的心中有一点惆怅。一阵从海上而来的风吹乱了我的发丝，我想起北美印第安人的一首"死者之歌"。

不要站在我的坟边低泣，
因为我不在那里，我并未沉睡。
我是吹拂而过的一千阵风，是白雪上闪烁的珠光；
我是洒在成熟稻穗上的阳光，是秋天温柔的雨水。
不要站在我的坟边哀号，
我不在那里，我并没有死。

我没有低泣，也没有哀号，只是难过。你的死亡，让我们的生命变得更加脆弱，也更加值得珍惜。

就在空难发生前几个月，我们还一起去吃泰国菜，席间，我谈起爱因斯坦在普林斯顿大学的一件趣事。

一个学生在期末考试前问爱因斯坦："爱因斯坦教授，听说您今年出的考题跟去年一样。"

爱因斯坦回答："没错。"

学生立刻喜上眉梢，因为他已将去年题目的答案背得滚瓜烂熟。

但爱因斯坦又加上一句："问题一样，但答案跟去年不一样。"

你听了笑得合不拢嘴，跷起大拇指直说："好！好！"当时的情景犹历历在目。但那应该只是一场大戏里面的小插曲啊，我们怎么能相信你就这样匆匆退场了呢？

死亡是自然给我们每个人的考题，每天都有人必须作答，而每个人的答案可能都不一样。

当其好友贝索过世时，爱因斯坦在写给他的遗孀的悼慰信里说："现在，他又比我先行一步，离开了这个奇怪的世界，但这并不意味着什么，对我们笃信物理学的人来说，过去、现在与未来之间的区别，只不过是一种幻觉而已，尽管这种幻觉有时还很顽固。"

死亡只是一种幻觉吗？那为什么它会让人如此悲痛与恐惧？在所有的死亡故事中，我最喜欢下面这个故事。

有一个人躺在医院的病床上，就要死了，但他却一脸欣喜。

医生将病人悲愁满面的女儿拉到一旁，皱着眉头低声说："难道你爸爸不知道他已经快要死了吗？"

病人听到了，他微笑着对女儿和医生说："我当然知道，只是在我眼中，死亡并不是什么敌人。"

死亡之所以会让我们悲痛且恐惧，就是因为我们一直将它视为敌人。也许我们真的需要一个不同的答案。

也许，死亡不是离去，而是回家，回到大自然的家中，就像印第安人所说的，成为风、阳光与雨水。

甚至，死亡不是回家，而是重新出发，就像亚里士多德所说的，是去做"一次伟大的冒险"，那场冒险太过壮阔与迷人，以致所有的人都无暇回来为我们转述可能发生的细节。

也许，也许……

在走向停车场的途中，我内心起伏着如许的意念，而有一种说不上来的复杂滋味。

当车子驶出墓园时，我回眸一瞥，看到午后的阳光投射在巨大的灵骨塔塔顶上，闪烁着异样的光芒，像是死亡在探照我们无知的心灵。

日落十三行

我喜欢观赏落日，每次落日都像一种召唤，召唤我放下手边的工作，前往遥远的地方。

走出十三行博物馆，已近黄昏时刻。太阳就要西沉，远方的河海交接之处，几点帆影在波光最后的潋滟中缓缓而行。

本来是要赶回家做晚饭的，但我和妻子似乎受到某种召唤，有了某种默契，而朝着那开始泛红的天边缓缓行去。

当我们更接近海边时，火红的落日已躲到了一团云层的后方，仿佛在编织梦想般，将云层渲染出一种奇幻的炫丽，而整个天空似乎也随之酩酊，兴奋地燃烧着。

欲归还小立，为爱夕阳红。

妻子和我就这样默默站着，参加这场大自然的壮丽庆典。

我喜欢看落日，每次落日都像一种召唤，召唤我放下手边的工作，前往遥远的地方。

我在年轻时，曾一度觉得人生失去方向，于是像想要获得灵启的苏族印第安青年那样，独自一人到偏僻的山上或海边看落日。看着太阳归去，我那年轻而空荡的心灵似乎总能得到某种滋润和抚慰。

而今的我，站在海边看着同样的落日，身边已多了一个人。

落日的余晖越过海面，将妻子和我交叠地投影于我们身后的大地之上。在我们的右前方，有三五个人也站在堤防上看落日。河对岸也有人停车止步，默然伫立，与我们朝着同一个方向注目。

大家暂时忘却俗务，凝神阅读西方天际那伟大的自然诗篇。虽然我们彼此互不相识，但缘于受到同样的召唤，我们在无言中产生了某种心灵上的交流。

恍惚之间，河左岸的空地上燃起了篝火，千百年前消失的原住民纷纷走出博物馆，站在海边和我们看着同样的落日……

天色终于暗了下来，西方天际最后的霞光，犹如泰戈尔所说，就像一扇点着烛光的小窗子，里面坐着一个等待的人，等待那想要知晓"他"意义的人。

"他"看着亿万年来所有望进那扇窗子的生灵，露出神秘的微笑，然后悄悄掩去烛光，阖上窗户。

但空地上的篝火似乎燃烧得更加炽烈了，一个原本也在看着落日的原住民，转过身来，目光穿越历史时空，落到我的身上。我和他交换了会心的一瞥。

妻子也对我交换了会心的一瞥。然后，我们想起了晚餐。

但，晚餐似乎已不再那么重要。

沙丘上的足迹

曲折，正是所有生物前进的自然方式，也是河流前进的方式；凌乱，则代表每一个人都有他各自的曲折。

从鹅銮鼻到佳乐水途中，有一个地方叫风吹沙，顾名思义，那是由季风将海边的黄沙吹向台地，所形成的独特景观。

抵达风吹沙时，已近黄昏，我们照了几张相后，就走下沙丘，到海边漫步。

夕阳将天边的云朵映照得五彩缤纷，一艘货轮正缓缓北驶，我极目四顾，遥想南方之南的吕宋岛，心中有一份淡淡的闲适。

我们往回走时，发现沙丘也染上了灿如黄金般的色彩，而我们刚刚走过的足迹，在夕阳的映照下，显得特别清楚。

记得方才我们是悠闲而笔直地往海滩前进的，但留在沙丘上的足迹，何以显得那么凌乱而曲折呢？

我的脑海里一下子浮现穿越沙漠的骆驼和商旅的足迹，还有北极熊和麋鹿在雪地上留下的脚印。

曲折，正是所有生物前进的自然方式，也是河流前进的方式；凌乱，则代表每一个人都有他各自的曲折。

人们向往秩序，但秩序其实是对自然的破坏。

我在经过一些纪念堂这类的地方时，时有看到仪仗队在广场上操练。从四面八方以曲折的步伐前来的游客和路人，都会忍不住驻足观赏。那笔直而整齐划一的步伐，呈九十度的直角转弯，虽然很不自然，却让人感受到一种美，而产生某种模糊的向往。

圣托马斯说得没错："美就是秩序的光彩。"如果不是对"秩序美"深怀渴望，我们为什么会有仪仗队？会有笔直的道路？四四方方的房子？

有人回望自己走过的人生道路，每每因发现足迹是那样曲折与凌乱，而觉得自己走了太多冤枉路。如果自己当初能朝着目标笔直地迈进，不知道该有多好！这样的怨叹虽然有点无聊，但何尝不是对"秩序光彩"的向往呢？

不过，人可能还有更深层的渴望。

我曾经看到一则报道说，有一个建筑师为了不让人践踏草皮，或者为了更"符合人性"，而在他所盖图书馆前的草坪上，特意仿照一般人前进的方式，设计了一条通往入口的曲折的水泥步道。但过了没多久，人们还是在这条看似自然的曲折水泥路外，走出另外一条曲折的步道来。

以凌乱而曲折的步伐前进，才是人类和所有生物最自然，也最喜欢的方式。即使有人为我们安排了某种曲折的方式，我们还是会不自觉地选择另一种曲折。那不是"冤枉"，而是因为我们"喜欢"。

从沙丘走回公路上的汽车旁边，回望下面的海滩，在远方的海天之际，看到一条接近完美的水平线，但我知道那只是一个迷惑世人的幻象。

而在近处，在海洋与陆地的交错之处，是一条曲折绵长的界线，我仿佛第一次注意到它们竟然是如此的曲折，如此的美丽。

美，是曲折的光彩。

凌乱的书房

整理河川，就是在净化身心；治疗自然，就是在治疗自己。我整理书房，大概也有这个意思。

花了整整两天的时间整理书房，总算大致完成了，所有的书和档案夹都分门别类、整齐地立于书架上。当然，它离我心中"理想的秩序"还有一段距离，但已不像原先那般，这里一堆、那里一团的，显得凌乱不堪。

我的书房又再度成为一处干净明亮的地方。

这似乎是一种循环。书房总是由秩序趋于混乱，然后又由混乱回归秩序。有趣的是，我每次兴起整理书房的念头，想让它从混乱回归秩序，都是在觉得自己生活得太过散漫，而决定展开新生活的时刻。

整理书房，其实意味着整理心灵，而且它每每成为我整理心灵的第一步。

　　是凌乱的书房在反映我凌乱的心灵呢，还是书房的凌乱让我的心灵变得纷杂？我想，两者兼而有之，而且互为因果。

　　有人说："一个心灵洁净的人，看什么东西都是洁净的。"我没有那么高的境界，可以把凌乱不堪的东西看成井然有序，但干净明亮的书房，有助于让我的心灵多一分干净明亮。

　　不过重点是在"整理"这个动作上。我渴望的不是让书房永远保持井然有序，而是期待每隔一段时间，就能经由整理使它恢复井然有序。整个过程有点像某种仪式。

　　我曾经看过一份报告说，有一个人得了不治之症，医生判定他只有几个月可活。心灰意懒的他，整天坐在自家附近的河边，呆呆地注视着河水。原本他每年都可以在这里看见无数鲑鱼逆流而上的美景，如今这条河却因废弃物的严重污染，已经走向了"死亡"。

　　眼前这条悲惨的河流，不正像是自己的人生吗？他不知道如何治疗自己的不治之症，但他可以整治这条濒临死亡的河流。于是，他马上开始行动，做栅栏拦截垃圾，清除河底的废弃物，在河岸栽种树木花草……

这条死气沉沉的河流，一天天恢复生机和活力，而他的生命似乎也因此获得了再生，不仅活过了医生所预言的死亡期限，而且还多活了一二十年，看到了鲑鱼重返河川。

整理河川，就是在净化身心；治疗自然，就是在治疗自己。我整理书房，大概也有这个意思。

书房是我心灵的表征，但我并不期待我的书房和心灵都一直处于非常整洁的状态中，而是渴望在它们趋于混乱后，能够经由我的整理，让它们恢复秩序。

我喜欢这样做，因为这已成为我秘密的净化仪式。

魂来魂又去

我愿意相信，一个人的灵魂并非来自过去某个"特殊个别灵魂"的延续或转世，而是来自既往"集体灵魂"的部分传承。

夜已深沉，窗外的雨声未歇，我们的谈兴方浓，谈的是灵魂问题。一位女士忽然问我："你相信灵魂的存在吗？"

"我相信。"我的答案似乎让她感到有点意外，也许她认为我作为唯物主义者，不应该这样回答。

"那死后，你的灵魂将前往何处？"她又问。

"回到它所来的地方去。"我说得有点禅味，她却撇撇嘴，大概以为这是我想调侃她的一个语言陷阱，便不再发问了。

其实，如果她再问，我会试着讲清楚、说明白的。

小时候我和父亲去扫墓，父亲看着祖父坟头一棵不知名的小树，说那是死去祖父的化身，我小小的心灵受到了极大的震撼，不禁双掌合十，对那棵树参拜起来。后来我才慢慢了解，一个人身上的所有原子都来自大地，死后不仅归于大地，而且会再度转化成万物的一部分，各家说法的差别只在于如何"形容"这个过程而已。

　　肉体如此，那灵魂呢？我很欣赏澳大利亚土著的灵魂观，他们认为，人死后，不仅肉体归于大地，灵魂同样归于大地，成为"大地精灵"的一部分。当一个孩子诞生时，"大地精灵"又拨出一小部分，成为这个孩子的灵魂。

　　它的特点是，认为一个人的灵魂并非来自过去某个"特殊个别灵魂"的延续或转世，而是来自既往"集体灵魂"的部分传承。当然，这是一种比较原始的灵魂观，但也是多数民族曾经共有的想法。

　　只有认识到这点，我们才能了解印第安的西雅图酋长为什么会说："小溪和大河内流着闪烁的水，那不只是水而已，那是我们祖先的血液……潺潺的流水是我们祖先的话语。"

　　对这些印第安人来说，先人的肉体和灵魂依然弥漫在大地之上，他们走进生命的长河，撷取其中的一部分，成为自己的肉体和灵魂。

当我在思考灵魂问题时，内心也有一个声音在告诉我，我的灵魂乃是来自人类，甚至万物"集体灵魂"沧海中的一粟。我从那弥漫在白纸黑字间、漂泊于楼台亭阁内、游荡在巨山大川里的意念中，吸纳小小的一部分，形成我自己独特的灵魂。

终有一天，它将回到它所来的地方去，融入"集体灵魂"中，在那里漂泊、游荡，等待另一个轮回。

我的灵魂从千物万人中来，也将再现于千物万人中。

走进隐藏的神殿

我心灵的海洋里有一千个未知的岛屿，每个岛屿的森林里都有一百座隐藏的神殿。今夜，我在一个未知的岛屿上岸，走进森林深处，看到一座隐藏的神殿。

月光下，我走进森林深处。林中树影幢幢，传来各种不明生物的叫声，但我的内心一片寂静与空明，模糊的期待也逐渐清晰起来。

终于，我看到一座高大的神殿，它静默地立于月光中，仿佛已因长久被遗忘而消失，却于今夜，缘于我的造访与注目，而重新显现在我的眼前。

其实，我是躺在自家的床上，闭目冥想。更准确地说，我是在从事我的心灵探险。

在一日将尽时，在尘世的奔波与喧嚣过后，我的心思如果意犹未尽，它就会驾着一艘船，在我心灵的海洋中航行。

根据神秘的传说，我心灵的海洋里有一千个未知的岛屿，每个岛屿的森林里都有一百座隐藏的神殿。今夜，我就这样在一个未知的岛屿上岸，走进森林深处，看到一座隐藏的神殿。

我踏上由石板铺成的台阶，进入神殿。高耸的拱廊，古老的石壁，让我显得渺小而孤独。神殿内空无一人，不知名的神祇兀自高坐，四周静悄悄的，只有我的跫音回响于我的耳际。

最后，我来到一处宽阔的中庭。明月高挂，清辉遍洒，中庭的中央有一个大理石平台，平台中间放着一支金笛，在月色下发出奇异的光芒。出于某种直觉，我知道那是为我而准备的，于是，我好奇地拿起笛子。

也许我无法到大宇宙中从事太空探险，但我可以在我的心灵小宇宙中进行心灵探险。我要做自己心灵的哥伦布，在每一次探险的航行中发现一块块新大陆，不断更新、扩充我心灵的舆图。

我将笛子附在唇边，轻轻吹奏。中庭里出现令人难以置信的变化。一团光云自平台上浮起，随着我吹奏力度的加强，而逐渐变大变浓，并出现各种颜色的变化。

光云随着我口中金笛的旋律，凝聚成各式各样的人或动物，在中庭里盘旋飞舞，时而清晰，时而模糊。当我一停止吹奏，他们立刻就烟消云散。

闭目躺在床上的我尚无睡意，于是我让那在神殿里的我继续吹奏手中的金笛，由光云凝聚而成的人和动物仿佛又获得了重生，不停地变换色彩和形状，在我的四周回旋，然后穿透我的身体，于是我也跟着盘旋飞舞，一起遨游。分不清我是我还是那团光云，我是依然清醒或者已经睡着了……

在未知的岛屿上、隐藏的神殿里，我的心灵如是探索着。

混沌中的蝴蝶

根据"蝴蝶效应"，我们也可以说："淮阴河边某位洗衣妇的一句话，导致了楚霸王项羽在乌江自杀。"

几天前，我到小区中庭的花园中散步时，发现一只小蝴蝶正在花丛里翩翩飞舞。

隔两天，我又到中庭的花园中闲坐，发现它依然留在附近的花丛里。在蓝天白云的映照下，它看起来是那样单薄、纤弱。

我不禁在心里说：蝴蝶啊蝴蝶，这小小的花园之外还有广阔的世界，你为什么不振翅高飞，去见识、去参与外面的世界呢？

昨天黄昏，我再度来到中庭的花园里时，发现花丛下有团小东西，细看之下发现，那不正是那只蝴蝶的尸身吗？

蝴蝶啊蝴蝶，你真的就这样结束短短的、平淡的一生了吗？而这小小的花园就是你终生活动的场所吗？

有人也许会因此而联想到自己：我自己不就正像这只蝴蝶吗？

外面的世界每天都在发生波澜壮阔、可歌可泣的大事，但那些都和自己无关，个人也无缘参与。因为自己只是一个渺小的存在，终其一生只能在一个狭小的圈子里，过着忙碌而平淡的生活。

这样的想法难免让人失志，而觉得自己更加微不足道。但有人不这样想，这些人不是天马行空的小说家，而是你可能连做梦都想不到的科学家。

根据科学界非常热门的"混沌理论"，蝴蝶可是不容小觑的。其中有一个非常著名的蝴蝶效应理论认为："一只南美洲亚马孙河流域热带雨林中的蝴蝶，偶尔扇动几下翅膀，可以在两周以后引起美国得克萨斯州的一场龙卷风。"

怎么说呢？因为中庭花园里的这只蝴蝶，几天前拍了一下翅膀，引起了周遭气流小小的变化，这些小小的变化又影响到邻近区域的气流和气候变化，结果就像连锁反应般，由近而远，相互激荡，最后竟在遥远的某处酝酿出一场飓风来。

人世间的起伏转折、相互激荡，比气象有过之而无不及，也正无时无刻不在发生着这种"蝴蝶效应"。

比如日本的松下电器，是世界知名的电器王国，但我们可以说："六十年前，一对默默无名的姐弟的谈话，导致了松下电器王国的诞生。"

松下幸之助在回忆他的创业过程时说，松下电器以生产电插头起家，但生意惨淡，这使他陷入三餐不继的困境。有天晚上，当他身心俱疲地踽踽独行时，路边一间小屋里传来一对姐弟的对话。姐姐正在用熨斗熨衣服，而弟弟想点灯读书，但因为电插头只有一个，于是姐弟俩在那里彼此抱怨。松下幸之助听了，仿佛在一片漆黑中看到了光明，顿时产生了制造两用插头的灵感。而两用插头的生产，不仅使他的事业起死回生，更奠定了他日后的电器王国的根基。

当年，若不是那对姐弟漫不经心的对话，是否还会有今天的松下电器王国，谁也不知道。

拿更远的事例来看，我们也可以说："淮阴河边某位洗衣妇的一句话，导致了楚霸王项羽在乌江自杀。"

据传，韩信少年时代游手好闲，常向河边的一位洗衣妇讨饭吃，并承诺一定会报答她。不想这位洗衣妇却说："你是大丈夫，却不能靠自己的力量养活自己，我可怜你，才供你吃饭，哪里希望你的报答呢？"韩信听后因惭愧而奋发，后来投入刘邦麾下，屡败项羽，最后逼得"无颜面见江东父老"的项羽在乌江边挥剑自刎。

如果没有这位无名洗衣妇的一句话，韩信往后的人生也许就会不一样，而整个中国的历史甚至都可能因此而改写。

在历史和人生的舞台上，大家所注意、所羡慕的往往是那些风光亮丽的大人物，却忽视了默默无闻、卑微地存在于角落中的小人物。其实，他们都是"混沌中的蝴蝶"，没有了他们，可能就不会有那些大人物和他们的丰功伟业，那样整个历史、整个社会、整个世界都可能因此而改变。

芸芸众生中的你我，不正是一只只这样"混沌中的蝴蝶"吗？虽然卑微而渺小，但我们所说的某一句话、所做的某一件事，都有可能会像涟漪般扩散开来，引发其他连锁事件，最后在社会上掀起滔天巨浪。

我们所踏出的每一步，不管多么细小，我们的命运、社会的命运，甚至整个人类的命运，都有可能因此而发生改变。

今天早上，当我再度到中庭的花园里散步时，又看到一只新来的小花蝶在花丛里翩翩飞舞。在蓝天白云的映照下，它看起来是那么的单薄、纤弱，但我的心中有一种欢喜。

蝴蝶啊蝴蝶，不要以为自己无足轻重。每一个生命，不管多么卑微，都自有其尊严与神奇。

只是一个旅人

我在年轻时代，还有前往青海湖途中产生的那个渴望，并非一时的冲动，而是来自内心深处的一种呼唤。

我年轻时看过一部电影，片名忘了，连剧情也忘了；忘不了的是剧中有一对中年夫妇，他们几经彷徨和思索后，辞去工作，卖掉房子，买了一部厨卧设备齐全的房车，开始云游四海的生活。想去哪里车子就开到哪里，在森林里过夜，在高山上醒来，在湖边野炊，在峡谷看日出，在海边观日落，身边的车子就是他们的家，处处无家处处家。

当时我看到后颇为心动，心里暗暗希望，自己将来有一天也能过那样的生活。

上个月，在从西宁去往青海湖的途中，我坐在游览车上，看着窗外绵延起伏的青翠草原、草原上静静吃草的绵羊、炊烟袅袅的民居、策马而行的牧人，还有高山上皑皑的白雪，我又兴起了类似的渴望。

恍惚之间，我已不是乘客，而是驾驶员；车子不是旅行团租用的游览车，而是我的房车。我不必匆忙赶路，急着赶回旅馆，因为今晚我将和妻子在青海湖畔，享用我们在房车的厨房里制作的羊肉火锅，然后看着车窗外的满天星光，怡然入睡。

这听起来好像是在做梦。的确是在做梦。

回家后，我发现，才离开半个月，就有一堆事情等待我去处理。好不容易忙完了，又接到房屋中介公司的来电，说我们上次看的房子屋主愿意再降价十万元，劝说我们赶快抓住机会云云。

我忽然觉得自己很愚蠢，简单回答了一句"我现在不想买了"，就挂了电话。

为什么又想要买房子呢？因为我的出版社的仓库是租用的，十几年下来付了不少租金，我觉得还不如再买栋房子，用作办公室兼仓库。当然，房子只是个壳，还要添购各种设备、家具等，这也是我在心中盘算了几年的计划。

但现在，我忽然觉得这个计划很荒谬、很愚蠢。

有一位犹太先知住在波兰，一个到波兰旅行的美国人，专程前去拜访。

当他来到先知的住处时，却感到相当惊讶，因为先知的住处不仅简陋，甚至连件像样的家具都没有。除了一张床、一张桌子、一把长椅外，就只有一堆书而已。

他几乎同情起先知来。于是，关心地问："先知，您的家具呢？"

先知反问他："那你的家具呢？"

"我的家具？"美国游客耸耸肩，说，"我只是来此游玩的一个旅人而已。"

先知笑着回答："我也是。"

我想，我在年轻时代，还有前往青海湖途中产生的那个渴望，并非一时的冲动，而是来自内心深处的一种呼唤。

我们每一个人，都只是来这个尘世做短暂旅行的旅人而已。如果到外地做短暂旅行，你一定不会携带太多东西，更不会忙着置产、添购家具。因为你知道，要让旅行快乐，就必须保持身心的轻盈，旅行的目的在于观赏、接触、体验各种新奇的事物。

但在人生之旅中，我们总是轻易忘却自己的旅人身份，而辛苦积攒，为了买更大的房子和添购更多的家具耗去大部分的时间和精力，但在旅行结束时，这些身外之物一样也带不走。

　　这就是我认为荒谬和愚蠢的地方。

　　那我是否该将准备买房子、添购家具的钱，转而去买一辆梦想中的房车呢？这好像也不太可能。

　　但我想，如果要做一个真正的旅人，连这个也可以省略。因为，重要的不是身外之物，而是心情——"我只是一个旅人"的心情。要想做个快乐的旅人，就必须让身心永远处于轻盈的状态中。

打开那一扇门

那扇门、那座古堡、那种生活，一直在等待你。你却不敢相信，你就是那个特别的人。

在和 K 夫妇喝过下午茶后，我走进地铁站。下午四点不到，班次虽少，但候车的人并不多。

K 还是和大学时代一样风趣，说话时比手画脚，两眼狡黠地不停转动着；他的妻子也依然如过去般文静，岁月并没有在她身上留下太多痕迹，反而使她秀丽的脸孔上多了些成熟的韵味。

K 的妻子在大学时代是出了名的美女，属于出尘、脱俗的那种美。但 K 这个人，虽然说不上尖嘴猴腮，长相也是十分普通。当然，我们不能单看一个人的外表，K 很聪明，肚子里也有不少"墨水"。

但当 K 追上了他现在的妻子，并和她成双入对地出现在我们眼前时，还是让我们感到很惊讶……

地铁来了，我在靠门边的位置坐了下来。

有一天，大概是为了消除我的疑惑，K 主动告诉我，在她面前，他本来也跟其他男生一样自惭形秽，觉得自己根本配不上她。但后来他注意到她一直形单影只，好像没有什么男性朋友，于是鼓起勇气，对她展开追求。

结果，追求的过程并没有他想象中的那样艰难，而且他还发现，她其实很孤单，因为他居然是第一个来敲扣她芳心的男人。

这听起来有点像"神话"，一则离奇的现代爱情神话……

地铁的门开了，我抬起头，不是我的终点站。有人下车，有人上车。

在隆隆的车声中，我闭上眼睛，似乎就这样穿越时光隧道，来到一个村庄前。村庄外头有一座古堡，古堡的大门紧闭。

我问村民："这就是传说中的那座神秘古堡吗？"

村民回答："正是。但只有一个非常特殊的人才能将它的门打开。"

古堡的大门已经关闭了好几百年，村民们代代相传，说那扇门非常神奇，只有一个非常独特的人才能将它打开。

我又问："是不是有人尝试着要去打开那扇门呢？"

村民回答："我们没有这样想过，没有一个普通人会想去打开那扇门的。"

我再问："你们不认为自己很特别吗？"

村民露出苦笑，说："先生，你的问题让我们感到很惊讶，我们都只是平凡的普通人啊！"

我说："我要去打开那扇门。"说着，就往城堡走去。

村民们聚集在外头，屏息围观。

我走到大门前，伸手去转动门把，那神秘城堡的大门应声而开。因为它根本没有上锁。

地铁的门又开了。我睁开眼睛，我的终点站到了。我随着一堆人下车，门外，另一堆人排队等着上车。

车站内的人南来北往，人潮汹涌，一张张两眼茫然的陌生脸孔不断在我跟前闪过，每个人似乎都朝向某一扇门走去——一扇属于他自己的，能自动为他而开或他可以轻易开启的门。

大家都说，只有特别的人才能打开特别的门，进入神秘的城堡，得到高贵的伴侣，过上超凡的生活。

但其实，那扇门、那座古堡、那种生活，一直在等待你。你却不敢相信，你就是那个特别的人。